U0247003

北京南水北调智能泵站技术与实践

主 编 唐 锚 刘秋生 闫健卓

副主编 万 烁 朱星明 赵 柘

北京工业大学出版社

图书在版编目（CIP）数据

北京南水北调智能泵站技术与实践 / 唐锚，刘秋生，
闫健卓主编 . —北京：北京工业大学出版社，2023.11
ISBN 978-7-5639-8664-4

Ⅰ . ①北… Ⅱ . ①唐… ②刘… ③闫… Ⅲ . ①南水北
调—泵站—水利工程管理—北京 Ⅳ . ① TV675

中国国家版本馆 CIP 数据核字（2023）第 162856 号

北京南水北调智能泵站技术与实践
BEIJING NANSHUIBEIDIAO ZHINENG BENGZHAN JISHU YU SHIJIAN

主　　编：唐　锚　刘秋生　闫健卓

策划编辑：杜一诗

责任编辑：付　存

封面设计：红杉林文化

出版发行：北京工业大学出版社

　　　　　（北京市朝阳区平乐园 100 号　邮编：100124）

　　　　　010-67391722（传真）bgdcbs@sina.com

经销单位：全国各地新华书店

承印单位：北京虎彩文化传播有限公司

开　　本：710 毫米 ×1000 毫米　1/16

印　　张：11

字　　数：192 千字

版　　次：2023 年 11 月第 1 版

印　　次：2023 年 11 月第 1 次印刷

标准书号：ISBN 978-7-5639-8664-4

定　　价：49.00 元

梯级给水泵站群是一类典型的水利基础设施，在工农业生产中起着重要的保障支撑作用，保障其稳定、高效、安全、经济运行，具有重要的经济意义和社会意义。

近年来，互联网、大数据、云计算、人工智能等新一代信息技术的发展日新月异，利用新型智能技术，解决传统泵站在运行、维护、管理和安全保障等业务过程中的各类重点和难点问题，提升泵站的运行管理水平，成为行业发展的重要技术手段和发展方向。

泵站的智能化建设涉及水利、信息、机械、电气、工程等多个业务领域，是一个综合性的系统工程。全书分为智能泵站发展的概述、信息采集与传输、数据汇聚架构、调度业务智慧化、运行管理智慧化、工程维修智慧化、安全管理智慧化7部分，对智能泵站建设过程的背景，数据的采集、传输、汇聚以及智慧化应用进行介绍。

第1章对智能泵站的系统构成和发展概况进行介绍；第2章和第3章，介绍泵站智慧化建设所涉及的数据采集、传输、汇聚；第4~7章，介绍调度、运行管理、维修维护和安全生产等几个业务维度的智慧化应用，对各类智慧应用场景的功能设计、关键技术和实现方法进行具体说明。

本书可作为智能泵站建设的参考资料，也可作为泵站运行和管理人员的技术阅读材料。

目录

第1章　智能泵站发展的概述

1.1　泵站系统的简介

随着世界经济的高速发展，水资源的战略地位越来越重要，水资源的高效利用和有效管理越来越得到世界各国的高度重视。世界各国先后出台了水资源调度与综合利用、水土保持、按用途优化用水以及海水淡化等方针政策，以此来解决日益严重的"水危机"问题。大型泵站是水利工程的重要组成部分，是水利工程能够有效运行的主要设备，承担着防洪、排涝等多重任务。泵站是各国重要的工程设施，在水资源的合理调度和管理中起着不可替代的作用，同时泵站在防洪排涝、抗旱减灾、工农业用水和城乡居民生活供水等方面发挥着重要作用。泵站运行管理包含机械学、电力学等不同学科内容，是一门相对烦琐的工程。在具体管理工作过程中，要不断强化工程项目的经济和科学管理水平，确保其朝着安全和高质量方向发展，取得更好的经济效益和社会效益。

泵站是为水提供势能和压能解决无自流条件下的排灌、供水和水资源调配问题的唯一动力来源，是解决洪涝灾害、干旱缺水问题的重要工程设施和实现水利现代化的重要标志之一。常见的泵站工程基本组成为泵房、进水建筑物和出水建筑物。泵房是安装水泵、电机、辅助设备、电气设备的建筑物，是泵站工程中的主体工程。进水建筑物一般有前池、进水池等，但对于从河流取水的泵站，进水建筑物还应包括取水头部、引水管（涵）或引水渠、集水井等。出水建筑物一般为出水池、压力水箱或出水管路等。为保证泵站的正常运行，进水侧设置拦污栅、清污机和检修闸门，出水侧设置拍门、快速闸门、蝴蝶阀或真空破坏阀等断流设备。中华人民共和国成立后，我国开展了大规模水利工程建设。江都一站是中华人民共和国成立后国内第一个自行设计、自行建设、自行管理的大型泵站。工程于 1961 年 12 月开工兴建，1963 年 3 月建成，1994

年 11 月至 1997 年 3 月进行改造。现装有 8 台 1.75ZLQ-6.0 立式机械全调节轴流泵,叶轮直径为 1.7 m,设计扬程为 6.0 m,配套 TL1000-24/2150 型 1 000 kW 立式同步电动机 8 台套,总装机容量 8 000 kW,设计总流量 81.6 m³/s(单机流量由改造前 8 m³/s 提高到 10.2 m³/s,提高了 27.5%),泵站采用堤身式结构,肘形进水流道,虹吸式出水流道,真空破坏阀断流方式断流,该工程作为江都水利枢纽的重要组成部分,在调水、排涝等方面发挥了重要作用。经过自 20 世纪 50 年代以来的勘测、规划和研究,在分析比较 50 多种规划方案的基础上,分别在长江下游、中游、上游规划了三个调水区,形成了南水北调工程东线、中线、西线三条调水线路。中线工程是从加坝扩容后的丹江口水库陶岔渠首闸引水,沿线开挖渠道,经唐白河流域西部过长江流域与淮河流域的分水岭方城垭口,沿黄淮海平原西部边缘,在郑州以西李村附近穿过黄河,沿京广铁路西侧北上,可基本自流到北京、天津。输水干线全长 1 431.945 km(其中,总干渠 1 276.414 km,天津输水干线 155.531 km)。2014 年 12 月,北京市南水北调办公室宣布,南水北调中线一期工程北京段于 12 月 27 日正式通水;长江水到达南水北调北京段终点团城湖明渠,逐渐覆盖除延庆外的北京区域。截至 2022 年,南水北调中线工程累计调水超 4.41×10^{10} m³,其水质长期持续稳定达标。

大型泵站的管理是包含管理学、水利工程学、经济学等多种学科的综合管理学科,其主要目的是通过提高管理水平,保证项目工程的安全运行,大幅提高工程项目的经济效益。我国大型泵站管理体系的主要管理范围包含泵站和周边其他配套的河道、堤防和水工建筑物等,有些泵站还管理灌区。大型泵站一般由省级的水利部门统一管理。排灌范围较大的大型泵站及流域性调水泵站通常根据泵站所处的位置和流域范围划分,直接由各省级的水利部门直接管理。由于大型泵站归省级水利部门直接管辖,管理权限较为集中,在发生洪涝或者干旱时,便于指挥。另外,可以在开停机的时间、数量、流量的分配和水位定位上采取统一管理,保证信息及时反馈。统一管理还可以尽可能保证全省范围内各级泵站的水位和流量的合理分配和利用,保障整个系统的泵站最优化运行,以获得最大限度的经济效益和社会效益。一般情况下,大型泵站还涉及跨市的排灌或者跨地区调水,需要各级政府部门或者其他业务部门多级协调解决各种问题,从而保证泵站工作的顺利进行,并及时解决洪水和干旱等自然灾害问题。

1.2　泵站的构成

泵站系统主要由主机组、电气设备、闸门和各类辅机设备构成。

1.2.1　主机组

主机组由主水泵和电机构成，主水泵一般分为轴流泵和离心泵两类，如图 1-1 所示。

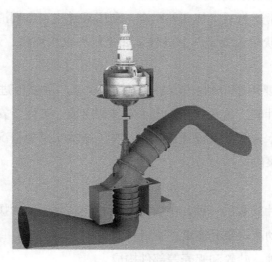

图1-1　泵站主机组

1. 轴流泵

轴流泵是叶片泵的一种，叶片围绕轮毂构成圆柱叶栅。流过叶轮的流体经过导叶消旋之后沿着轴向流出，所以称为轴流泵。

轴流泵一般采用肘形流道进水，虹吸流道出水，真空破坏阀断流。水泵轴与电机轴直接刚性连接，水泵轴向力由电机承受；从电机端俯视，水泵为顺时针方向旋转。叶片角度采用机械方式调节，调节机设置在电机顶部。

轴流泵由主轴、叶轮、导轴承、主轴密封和泵体部件等构成。

主轴将电机的转动传递到叶轮。主轴一般由锻钢制作，具有足够的强度和刚度，以承受扭矩、轴向力和径向力。

叶轮由叶片、轮毂体及叶片调节操作机构等组成，按同轴方向安装在主轴上。叶片在水泵工作时旋转、推动水流泵升。轮毂体内安放叶片调节机构。叶

3

片调节操作机构可驱动叶片绕安装轴转动，实现叶片迎水角度的调节。

导轴承用于支撑主轴，一般为分半结构，以实现在不移动泵轴、不解体水泵的前提下对导轴承进行安装、检修和更换。导轴承含下导轴承和上导轴承，下导轴承安装于导叶体内，上导轴承安装于弯管顶端出轴处，作为泵轴的主要径向支承。

主轴密封设于弯管出轴处，采用聚四氟乙烯或油浸石棉盘根填料密封。填料函侧面设填料润滑水接口及上导轴承润滑外冷却水接口，在水泵启动前需引水润滑填料，正常运行后可切断外引水，利用泵过流水自润滑。填料压盖松紧应合适，以有滴状渗水为宜，上导轴承如采用外供水润滑，水压为 0.15 MPa，水量为 0.15 L/s。

泵体部件主要用于容纳叶轮结构和引导水流，主要由进水伸缩节、叶轮室、导叶体、导叶帽、出水弯管、出水附件等组成。为便于安装和检修水泵导轴承，于泵体出水弯管侧面设置进人孔，在不解体水泵的情况下，检修人员及导轴承可进、出泵腔。

2. 离心泵

离心泵是叶片式泵的一种，主要是靠叶轮旋转时，叶片拨动液体旋转，使液体产生离心运动获得泵升能量，所以称为离心泵。

离心泵由主轴、叶轮和蜗壳等部件构成。

主轴将电机的转动传递到叶轮。叶轮的作用是把泵轴的机械能传给液体，使其获得压力和动能。蜗壳的作用是收集从叶轮甩出的液体并导向泵体出口。

离心泵在工作时，液体由叶轮中心的吸入管流入水泵，当叶轮旋转时，液体由叶片带动旋转，在叶片压力的作用下，沿叶片间流道由叶轮中心甩向边缘，再通过蜗壳流向排出管。随着叶片中心液体的不断排出，外部液体在大气压力作用下，通过入水管源源不断地流入叶轮中心，再由叶轮甩出，周而复始完成水流的泵升。

一般在离心泵吸入管安装真空表，在排出口安装压力表，用以测量泵进口处的真空度及出口压力，实现对水泵工作状况的监测。

离心泵工作时，泵内不能有空气，离心泵在工作前，吸入管和泵内首先要充满液体，离心泵开始工作后，吸入管也不能吸入空气，这是离心泵正常工作必须具备的条件。

3. 电机

目前，大型泵站的主电机一般采用大型三相异步电动机。异步电动机主要由固定不动的定子和旋转的转子组成，定、转子之间有 1 个非常小的气隙，将转子和定子隔离开，根据电机的容量不同，气隙范围一般为 0.4~4 mm。

异步电动机定子由支撑空心定子铁芯的钢制机座、端盖、定子铁芯和转子绕组线圈组成。定子铁芯是异步电动机磁路的一部分，由硅钢片叠压而成，以减少涡流和磁带损耗。在定子铁芯内圆周上均匀地冲制若干个形状相同的槽，槽内安放定子三相对称绕组。大、中容量的高压电动机的定子绕组常连接成星形，只引出三根线，中、小容量的低压电动机常把三相绕组的六个出线头都引到接线盒中，可以根据需要连接成星形和三角形。

异步电动机转子铁芯也是磁路的一部分，由硅钢片叠成，转子铁芯叠片上冲有嵌放转子绕组的槽。按转子绕组的不同形式，转子可分为笼型和绕线型两种。

笼型转子绕组由转子槽内导条和端环构成多相对称闭合绕组。导条和端环的材料可以用铜或铝。用铜时，每根铜条两端与端环焊接起来。中小型笼型电动机一般采用铸铝转子，转子的导条、端环以及风叶可以一起铸成。

绕线型转子绕组与定子绕组相似，用绝缘的导线绕制成三相对称绕组，星形连接，三相绕组的端头接到转子轴上三个彼此绝缘的滑环上，再通过电刷经附加电阻短接。绕线型转子可以通过滑环、电刷在转子回路中接入静止不动的附加电阻，用以改善启动性能或者调节电机的转速。为了减少电刷磨损和转子损耗，绕线型电动机一般装有提刷短路装置，当绕线型电动机启动完毕而不需要调速时，将电刷提起，同时短接三个滑环。

1.2.2　电气设备

泵站电气系统用于由电力配电网络获取电能，经变换、控制，为泵站机组提供能量。供配电系统通常由变压器、高压开关柜、高压断路器、高压隔离开关、变频器、高压补偿柜、高压软启柜、电压互感器、避雷器以及低压电气设备等构成。

变压器利用电磁感应的原理来改变交流电压，主要构件是初级线圈、次级线圈和铁芯（磁芯）。它的主要作用是改变电压，进行电能传输或分配。

高压开关柜根据一定标准规范，将成组的高压电气设备组装在一个封闭的金属柜内，便于电气系统的安全防护和运行管理，又称金属封闭开关设备。

高压断路器是电力系统中的控制和保护设备，可以切断和接通正常情况下高压电路中的空载电流和负荷电流，也可以在系统发生故障时与保护装置及自动装置相配合，迅速切断故障电源，防止事故扩大，保证系统的安全运行。

高压隔离开关与高压断路器配合使用，高压隔离开关没有灭弧装置，不能开断负荷电流，主要用于将电力回路与电源隔开。

变频器通过改变电机工作电源频率的方式来控制交流电动机的电力控制设备，根据电机的实际需要提供电源电压，进而达到节能、调速的目的。另外，变频器还提供一定的保护功能，如过流、过压、过载保护等。

高压补偿柜主要用于在泵站电力供电系统中提高电网功率，降低供电变压器及输送线路的损耗，提高供电效率，改善供电环境。

高压软启柜用以容纳电机软启动设备，主要适用于 10 kV 以下的中压交流电动机，是一种集电机软起动、软停车、轻载节能和多种保护功能于一体的控制装置。高压软启柜主要用于在未配备变频器的情况下控制电机在不同工况下的平稳启停和运行。

电压互感器是将电力系统的高电压变成一定标准的低电压，以供保护装置、自动装置、测量仪表等使用的电气设备。

避雷器也称过电压保护器，是保护电气设备免受雷击时高瞬态过电压危害，并限制续流时间和续流幅值的一种电器装置，常连接在电网导线与地线之间，有时也连接在电器绕组旁或导线之间。

低压电气设备包括低压配电柜、低压补偿柜和各类低压设备控制柜。

1.2.3 闸门

闸门的作用是根据需要开放或封闭渠道和水工建筑物的孔口，以便控制水流、检修设备。

闸门根据作用分类，可分为工作闸门、检修闸门和事故闸门。

工作闸门也称主闸门，是进水建筑物正常运用的闸门，要求每个孔口设置1扇。当水泵运行时，开启闸门以放泄水流，有时可以部分开放以调节流量。当水泵不运行时，关闭闸门以防止泥沙入渠（或入池）造成淤积。因为工作闸门担负经常性启闭工作，而且要在动力条件下运行，所以工作闸门要求结构牢固，挡水严密，启闭灵活，运行可靠。

检修闸门是专供工作闸门或水工建筑物某一部分或某一设备检修时挡水使用的，因此必须设置在这些被保护部件的前面。门扇应根据闸孔的数量、重要性和维护条件等因素综合考虑设置。检修闸门常在检修前的静水情况下放下，检修时截断水流，检修后在静水中开启。因此，检修闸门的门体部分一般按检修时的水位及荷载设计，支撑和埋设部分由于静水启闭而大为简化。检修闸门有时采用分块的叠梁，特别是在露顶式的孔口，采用叠梁较为普遍。

当工作闸门或水工建筑物发生事故时，使用事故闸门。事故闸门要求能在动水中关闭，甚至能在动水中快速关闭以切断水流，防止事故扩大，待事故处理后再开放孔口。能快速启闭的事故闸门在泵站中常被称为快速闸门。

闸门根据结构分类，可分为平面闸门、浮箱叠梁闸门和弧形闸门。

一般泵站均采用平面闸门。平面闸门按材料又可分为平面钢闸门、钢筋混凝土平面闸门、钢丝网平面闸门。

浮箱叠梁闸门在闸室检修叠梁或修复流道时使用。叠梁或流道需要检修时，还要保持闸孔截流，就要在叠梁的后面安装浮箱叠梁，保证截流同时能够维修。

弧形闸门用于需要通过控制开度进行流量控制的渠道。

1.2.4 辅机设备

泵站的辅机系统一般包括气系统、技术供水系统、排水系统、清污机和各类阀门。

1. 气系统

泵站工程中的气系统包括高压气系统、低压气系统、抽真空系统等。

高压气系统的压力主要用于向水泵叶片调节机构的油压装置充气。高压气系统充入储能器中的压缩空气应该干燥，为避免压力油混入水分锈蚀叶片调节操作机构，一般在高压气机出口管道上装设油水分离器。

低压气系统的压力主要用于机组制动、打开虹吸式出水流道的真空破坏阀、安装检修时吹扫设备等。低压气系统一般共有2台空压机，1用1备，可现地、自动、远程控制。

抽真空系统主要用于水泵叶轮位于水面（安装高度为正值）的水泵启动时的抽真空灌注引水。卧式泵（包括离心泵、混流泵和轴流泵）若在叶轮高于进水池低于水面的情况下启动，必须在启动前使水泵叶轮充满水，否则水泵无法启动。大中型泵的启动充水都采用抽真空的方法完成。大型泵站的供排水泵，为了便于运行管理自动化，也往往采用抽真空的方法进行启动充水。

2. 技术供水系统

泵站技术供水系统的主要作用是为机组冷却系统持续供水。供水系统将前池来水过滤后，通过加压水泵为机组提供循环冷却水，带走水泵机组运行时的热量，保障水泵机组正常运行。

供水系统一般由离心泵、电动蝶阀、逆止阀、滤水器以及管道组成。

离心泵：安装在管道当中，通过离心泵的叶轮室旋转叶片，将水输送到机组当中。

电动蝶阀：通断水流，设备检修时关闭电动蝶阀进行维修。

逆止阀：停运时及时阻断水流，防止设备停止运行产生电机倒转。

滤水器：将水中的杂质通过滤网过滤后，输送到技术供水管道中。滤水器内部装有钢丝刷，自动旋转将滤网上的杂物清刷干净，打开排水电磁阀，将带有杂物的水排到廊道内。

水泵电机一般采用工频运行方式，部分泵站供水泵电机也采用变频器调频运行方式。直接供水方式在供水泵出口处一般装有滤水器，以滤除进水中的杂物。冷水机组循环方式仅供主机组冷却用水，主水泵填料润滑用水一般为短时供水，可由市政生活用水供给。

3. 排水系统

排水系统主要用于排除站房内的各种冷却水、渗漏水、清洁用水以及检修时主泵内的积水。排水系统分为渗漏排水系统和检修排水系统。渗漏排水系统主要作用于排除设备的各种冷却水、渗漏水和站房清洁用水等，排水量较小；检修排水系统主要用于主泵检修时排除主泵内积水，排水量较大。

排水系统由电机、排水泵、逆止阀、电动蝶阀、输水管道构成。

电机：带动水泵运转，通过管道上的逆止阀、电动蝶阀的开启将水不断地排出。

排水泵：通过电机的动力带动泵轴和叶轮旋转，将水通过管道排出。

逆止阀：停运时及时阻断水流，防止设备停止运行产生电机倒转。

电动蝶阀：通断水流，设备检修时关闭电动蝶阀进行维修。

4. 清污机

泵站清污机可分为抓斗式清污机和回转式清污机。

抓斗式清污机工作原理与抓斗式挖土机基本相同，适用于栅前堆积或漂浮粗大的树根、石块、泥沙、树干或者其他潜沉物的情况。抓斗式清污机主要由卷扬机构、钢丝绳、抓斗张合装置、地面固定式轨道、移动行车及电气系统等组成。通过控制器，可控制抓斗上升、下降、前进、后退的运动和抓斗的开合，完成清污操作。

回转式清污机本身具有拦污栅的作用，适用于水流中需清除污物（如落叶、漂木、垃圾等）较多的情况。回转式清污机主要由拦污栅栅体、驱动传动机构、调节机构、齿耙、安全保护装置、电气系统，以及配套的输送杂质的皮带输送机等组成。驱动传动机构中，电机为驱动设备的主要动力来源，减速机通过齿轮组将电机高转速转换为扭矩输出，传动链轮由主轴带动旋转，传动链轮带动板式滚子链回转，驱动链条是将减速机输出的动力传送出去的装置。调节机构调节螺杆长度可以改变牵引链条的张紧度。耙齿随板式滚子链沿栅体回转，把栅体前的漂浮物捞出水面，当齿耙运行到栅体顶部时随牵引链条翻转，此时齿耙上污物自行脱落到皮带输送机上，通过刮污反齿将残留在齿耙上的污物刮下，使其脱落到皮带输送机上。

5. 阀门

泵站设置的阀门，根据功能不同，主要有真空破坏阀、缓闭蝶阀和拍门。

真空破坏阀主要用于在机组停机时虹吸式出水流道的断流，破坏阀结构多为气动平板阀，主要由阀座、阀盘、汽缸、活塞及活塞杆、弹簧等部件组成。停机时，与压缩空气支管相连的电磁空气阀自动打开，压缩空气进入汽缸活塞的下腔，将活塞向上顶起，在活塞杆的带动下，阀盘开启，空气进入虹吸管驼峰，破坏真空，切断水流。当阀盘全部开启时，汽缸盖上的限位开关接点接通，发出电信号通知值班人员。当虹吸管内的压力接近大气压力时，阀盘、活塞杆及活塞在自重和弹簧张力的作用下自行下落关闭。

真空破坏阀底座为三通管，三通管的横向支管装有密封的有机玻璃板窗口和手动备用阀门。如果真空破坏阀因故无法打开，可以打开手动备用阀，将压缩空气送入汽缸，以便阀盘动作。在特殊情况下，因压缩空气母管内无压缩空气或因其他原因真空破坏阀无法打开时，运行人员可以用大锤击破底座三通管横向支管上的有机玻璃板，使空气进入虹吸管内，这就可以保证在任何情况下都不会发生倒流。

1.3 泵站运行管理的发展趋势

我国的泵站行业起步比较早，大型泵站管理体系比较合理，并在管理过程中积累了诸多的经验，对相关行业管理体系的完善有很大的帮助。大部分泵站都是由省级水利部门负责管理，这样的管理模式不仅能够大大提高管理的效率，也能对泵站工作的各项数据进行统计，为泵站日后的工作创造条件，同时也为管理体系的完善创造条件，建立起一个从上至下的泵站管理网，管理体系的完善为管理工作的推进奠定了基础。20 世纪 80 年代，日本提出了 5S 精细化管理理念，即整理（SEIRI）、整顿（SEITON）、清扫（SEISO）、清洁（SEIKETSU）、素养（SHITSUKE）5 个项目，因均以"S"开头，简称 5S 管理法，引入国内后增加了安全（SAFETY），就形成了现在的 6S 管理。6S 管理理念和行为的推广在一定程度上促进了企业高效、健康和安全发展，在水利工程管理中也得到了学习和借鉴。但随着泵站管理的不断进步，传统的泵站管理工作流程繁复，同时管理效率也比较低，需要耗费大量的资金和人力资源，这种管理模式会造成不必要的资源浪费，不利于泵站行业的资源合理配置，已经不能适应大型泵站的发展需要。

信息化建设是行业发展的趋势，通过信息化建设能够提升泵站运行的可靠性和泵站管理的高效性。首先，通过采集主机组、高低电气和辅机等设备实时运行状态信息，对泵站设备运行隐患和故障进行排除和清查，科学的分析手段能够判断出泵站当前运行载荷情况，并根据情况继续进行优化，实现泵站远程管理可视化，提高泵站运行可靠性；其次，实时采集电量、温度、压力、水位、流量等数据，通过经验分析得出相比较原运行情况几倍的基站运行数据，建立相应的数学模型，做好泵站运行情况的跟进和观察，实现其调度优化；最后，通过网络技术的应用，建立有效的信息处理系统，不仅保证数据的可靠有效存储，还能实现报表的生成和优化，为信息的传递和后续的信息处理打好基础，实现办公自动化、管理规范化和操作标准化。

在泵站信息化技术建设与应用中，首先，应关注的是泵站计算机监控系统的应用。它实现了数据采集，将辅机、主机组等数据进行归纳整合，并有效实现数据处理、控制调节、系统自诊断，以及监视报警等功能，从而让泵站的系统应用得以更好优化，同时采用视频传输形式，不仅实现人性化设计，而且带来极大的便捷性。其次，应关注的是泵站状态监测系统的应用。泵站主机组以及变配电设备容易发生故障，为了更好地提高系统运行效率，提高故障排除概率，应对计算机系统运行数据进行实时监控，做好数据的分析处理，并将处理结果通报到上级单位或者主管部门，便于上级单位或主管部门通过数据连接系统运行情况，针对可能出现的问题进行分析研究，探究更好的运行方式。再次，应关注的是泵站工程安全监测系统的应用。垂直位移、扬压力、引河河床变形、伸缩缝、水位以及流量等是泵站工程的主要观察项目，按照工作要求对所选取的项目进行测次、顺序和时间的现场观测。泵站工程安全监测系统的开发实现了定时采集扬压力、伸缩缝、水位等数据，能够显示泵站、水闸的断面浸润线，能够对任意相关的测点数据进行变化曲线比较，如果数据发生超差或者变化浮动过大，则报警并远程通知，能够实现资料的自动整理，生成时间事件报表，供后期分析研究。最后，应关注的是泵站信息管理系统。它主要包含两方面工作内容：一方面是对计算机系统所运行的数据进行实时监控，并做好数据的分析处理，将处理的结果通报到上级单位或者主管部门；另一方面是接受来自上级的数据和指令，通过对上级工作安排的执行，达到系统的优化，实现系统的稳定运行和自动化程度较高的信息化管理过程，做好泵站的日常维护和管理。

为了进一步提升泵站运行管理效果，应将自动化控制技术应用到泵站运行管理中，实现泵站控制自动化，以便提升泵站的运行效率，确保泵站的稳定性与可靠性。该技术可在多种环境下作业，节省了大量的人力、物力，对泵站的发展具有较大的促进作用。泵站工程自动化系统主要对全站机组、电气、油、水、气系统、闸门控制系统等进行有效监视和控制，保证泵站安全、可靠、经济运行，并能够通过计算机网络实时将泵站运行数据和状态上传至上级有关部门。泵站工程自动化系统主要包含的功能为：①自动监测功能。能对泵站内站用变电所、主机组、辅助设备、水下建筑物的各种电量和非电量的运行数据及水情数据进行巡回检测、采集和记录，定时制表打印、存储、模拟图形显示，并根据这些参数的给定限值进行监督、越限报警等。②自动控制功能。根据泵站当时的运行状态，按照给定的控制标准和控制模式对变压器、保护系统、励磁设备、泵站机组的启停操作、辅助设备和闸门等进行自动控制，达到系统优化调度的目的。③保护功能。利用计算机保护系统实现对主变压器、站用变压器以及母线的保护。除此之外，还应具有机组过速、推力轴瓦、导轴瓦、定子线圈温度过高保护和油、气、水系统异常保护等。④越限及事故报警功能。系统能根据事故信号自动报警，产生报警时能把相关的数据录入后台数据库，以备分析和诊断用。⑤数据管理及制表打印功能。能对监测、控制、保护等过程中的各种数据进行处理、存储、分析和显示，编制运行值班表，自动记录、显示泵站各阶段运行情况，并统计、分析、自动生成各种报表或曲线。⑥数据通信功能。能根据调度指令控制机组的运行，能按照一定的经济运行模型进行决策，同时所有数据可以通过网络向上级管理部门传送，为其决策和调度提供数据支持。⑦安全管理功能。系统可设置多个操作级别，不同级别操作人员有不同的操作权限，禁止越级操作，确保设备和监控系统的安全。

我国泵站自动化的发展先后经历了三个阶段。第一阶段：半自动化阶段。在半自动化泵站运行管理中，依然是以人为主，无论是设备运行还是控制系统设置，都需要人为操作，设备故障检修和运行维护也需要依靠人工进行，泵站整体采用的是一种开环控制形式。第二阶段：全自动化阶段。与半自动运行管理相比，泵站全自动运行管理将开环控制变成了闭环控制，配合水位继电器、压力继电器等自动化设备，实现对泵站机组的运行管理和保护控制。第三阶段：综合自动化阶段。对比以往的自动化技术，综合自动化技术结构更加集成化，功能更加丰富，运行管理也更加智能，可以很好地满足泵站自动化运行管理的各种需求，促进泵站运行效率提高。

泵站工程自动化实现了泵站现代化的管理，在泵站运行管理中应用自动化控制技术具有非常重要的作用。首先，确保泵站工程稳定、健康发展，保证泵站合理的运行效益。将自动化控制技术应用到泵站运行管理中，可以实现自动化的管理模式，进而降低泵站的运行成本，实现良好的泵站运行效益。其次，泵站运行的稳定性对社会的发展以及人们的日常生活、生产都起到了重要的作用。在泵站运行管理中应用自动化控制技术，可以根据泵站的运行状态对泵站运行系统进行定期更新和升级，还可以对其运行状态进行评估，分析和明确其中可能存在的问题，确保泵站运行的稳定性，提高泵站管理的先进性。最后，在泵站运行管理中应用自动化控制技术可对各个方面进行综合考虑，并根据其运行状态，对人员的配置进行合理定位，有效降低人力资源的消耗。

随着信息技术和自动化监测设备的不断发展，泵站监控系统的信息量日益增长，计算机监控系统产生海量数据，但分析处理能力不足，使得运行人员难以从中快速获取真正有价值的信息，无法及时发现处置设备的故障隐患。面对类似问题，诸多大型泵站已经或多或少地提出智能泵站建设的需求。信息化、智慧化已成为全球经济社会发展的显著特征。我国智慧化发展已具备了一定基础，进入全方位、多层次推进的新阶段。水利作为国民经济社会发展的重要领域，加快智慧水利建设步伐成为事关水利发展全局的重大而紧迫的战略任务。"十三五"以来，国家出台了一系列智慧水利相关政策，明确提出要补齐水利信息化短板。其中，水利工程安全运行是智慧水利的核心业务之一，泵站工程又是水利工程的重中之重，加快泵站工程的智慧化建设与管理迫在眉睫。当前，我国的智慧泵站建设正在如火如荼进行：智慧泵站建设已具备计算机化的监控系统，具有数据实时监测、采集、分析、报表、曲线、棒图等功能，可以实现远程控制开停机和倒闸操作，基本满足泵站的自动化监控需求；已建成视频监视系统，基本实现泵站工程重要区域的动态实时监控；传感器设置较为完善，泵站监测的数据包含电量、温度、模拟量和开关量等，基本实现泵站多方位感知；技术管理水平逐步提高，管理的标准化、规范化、自动化和精细化水平逐步提高，现代水利技术取得长足发展。长期以来，智慧泵站工程建设取得了很大进步，也带来了巨大的经济效益，但泵站运行管理仍存在着管理方式较为传统、监控技术开发深度不够、监控智慧化水平较低、运维管理时效差等问题。

泵站工程的智慧化和管理信息化可以有效降低运行维护费用，提高管理水平和管理效益。作为防汛抗旱、供水排水、灌溉用水等水利工程的核心组成部分，泵站的安全运行及维护直接影响水利工程建设的兴衰。智能泵站的建设依赖于泵站智能运行、智能调度和智能运维以及泵站的智能化管理，建设泵站智能管理系统将对确保大型泵站安全高效运行提供重要技术支撑，促进泵站运行管理智能化，改变原有的监测数据利用率不足的局面，强化数据分析、健康管理以及异常处置，提高工程管理技术水平和运行管理保障能力，促进工程效益充分发挥。智能泵站是智慧泵站的初级阶段，推进全面建设智能泵站系统，替代人工监屏，利用智能算法和计算机运算能力，筛选设备重要特征信号，综合设备运行实时数据，生成可靠的管理信息及处理建议，为泵站智能运行、智能调度和智能运维提供数据支持和决策支撑。泵站智能管理系统软件以物联网为核心，通过现场数据、图像及状态实时采集、处理、分析、计算等，实现对工程现场泵站运行的动态监视、远程控制、智能决策与流程优化，促进泵站各运行环节间高效地进行数据共享与协同。其基本功能是汇集泵站各生产业务系统数据，自动判别各种水利工程设备运行异常状态并进行监测预警，通过自身运算智能判断各设备运行状态与趋势，当设备出现故障或运行趋势劣化时给予运行人员预警报警，还可根据预案进行多系统联动故障展示、故障处理以及日常辅助设备管理，快速匹配设备的运维维修方案，指导运维人员提高工作效率，降低运维难度，节省运维成本，提升水利工程设备的智能化水平。

从规模和数量上来看，我国泵站工程目前居于世界前列。当前我国智慧水利建设也初具规模，然而尚存在以下缺陷和不足。首先，缺乏深入的智慧化感知。当前的水利基础设施、平台建设还缺乏深入透彻的感知，没有实现水利数据自动采集和安全监测的全覆盖，在水情监测报讯方面存在欠缺，暴露出自动化、信息化技术应用不够深入的问题。其次，缺乏全面的互联互通。现有的水利建设网络覆盖面不足，不同业务系统之间的信息链接和共享存在欠缺，缺乏深入全面的业务协同；同时，在水利基础设施建设方面还存在缺失，基础软硬件支撑体系应用较为单薄。最后，缺乏智能的应用终端。当前的水利建设中新一代信息技术应用较为薄弱，没有充分突显大数据、人工智能、虚拟现实技术在智慧水利领域的应用功能，在智能化应用服务终端方面尚存在欠缺。

数据是智慧水利建设的基础，有了数据，上层应用和智慧分析才有基础支撑。因此，应通过数据主导应用，以数据为核心进行全域标识、状态精准感知、数据实时分析、动态优化调度、智能精准执行。充分发挥数据价值，构建泵站大数据库，使各监测数据联动，实现泵站工程的智能模拟、监控、诊断、预测和控制。为了更好地发展智慧泵站数字孪生技术，需要进一步完善泵站运行基础数据的自动采集系统，提升泵站感知体系，提高泵站监控系统的稳定性和兼容性，适应现代化智慧水利建设的新要求，打造集数据安全存储、智能分析、合理运用、科学决策、自动控制于一体的泵站远程诊断集中智能控制系统。通过充分挖掘数据价值，构建水利数据大脑，实现水利的模拟、监控、诊断、预测和控制，以"五感一脑"为核心架构，构建水利数据生态，创新业务应用。在确保数据准确的前提下，科学运用数据间的逻辑关系，人为赋予数据生命，根据应用逻辑编程，使各数据在特定设置范围内作出联动智能响应，使泵站达到最佳运行状态，探索"智能运行、智能调度、智能维修"智慧化管理模式，实现水利泵站"以机代人，以机减人"的高效运行目标。

近年来，智慧水利按照"需求牵引、应用至上、数字赋能、提升能力"的要求，以数字化、网络化、智能化为主线，以构建数字孪生泵站为核心，全面实现数字化场景、智慧化模拟、精准化决策，全面推进算据、算法、算力建设，加快构建具有预报、预警、预演、预案等功能的智慧水利体系。推进数字孪生泵站工程建设作为智慧水利体系的核心组成，是适应现代信息技术发展形势的必然要求，也是实现精细化、数字化管理的迫切需要。

1.4 南水北调密云水库调蓄工程智能泵站建设试点介绍

南水北调密云水库调蓄工程主要功能为从颐和园内团城湖取水，将南水北调来水加压输送至密云水库，增加密云水库蓄水量，提高北京市水资源战略储备和城市供水率。工程包括 9 级加压泵站和 22 km 管线，输水线路总长约 103 km，总扬程 132.85 m。工程项目建设于 2015 年，工程建成后，随着工程运行和业务管理水平的提升，对泵站工程进行智能化改造的要求也逐步增加。

智能泵站建设以精细化管理、智慧化运行为目标，以传感、网络、信息集成、人工智能等技术为支撑，推进泵站调度、运行、运维、安全管理等具体业务环节的智能化。

为实现泵站智能化，泵站系统在基础的机电系统之上，需要建设完备的信息监测系统、稳定的信息传输与汇聚系统、有力的数据分析与算法模型系统以及面向各类运行管理需求的业务应用系统。南水北调密云水库调蓄工程智能泵站的构成及各部分关系如图 1-2 所示。

1. 信息监测系统

信息监测系统是泵站实现智能化的基础，是信息系统与基础设备构成的物理系统的接口。信息监测系统需要对主机组、电气设备、辅机设备等基础设备的运行状态、电气参数、告警事件等信息进行全方位的监测，为智慧化的调度、运行、运维等业务管理环节提供完备、翔实的数据信息，为智能调度、优化运行、分析决策、安全管理提供数据支撑。

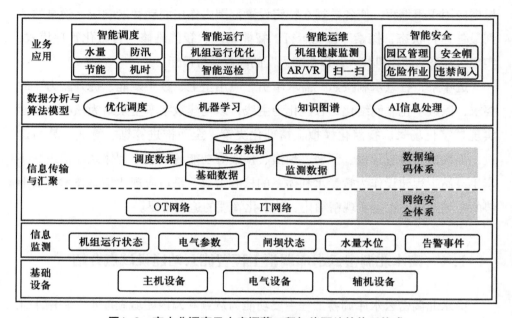

图1-2 南水北调密云水库调蓄工程智能泵站的体系构成

机组的运行状态监测包括泵站机组的控制参数、运行振动摆度状态、冷却系统运行状态等信息，由于机组处于高速运行状态，各类信息的时效性要求高，要求监测系统具有较高数据采集、传输、缓存能力。

电气参数监控是对泵站能源输送、变换的供配电环节的监控。电气参数中的电压、电流、功率因数等参数，直接反映主机的运行状态和运行效率，同时提供机组健康状态的必要信息，电气环节的变频调速系统是主机组调速控制的直接手段，对其运行参数的监测，是反映泵站运行状态的核心参数，是调度、节能、运维等后续应用的直接信息依据。

辅机组包括清污机、气系统、供水排水系统、翻板闸等各类辅助环节。辅机系统的运行状态，直接影响主机组的稳定运行，同时辅机组的运行参数，也是主机组运行状态的直接反映。对辅机运行状态的有效监控，可以为主机运行状态提供必要保障，同时为主机监测体系提供重要的信息支撑。

告警事件信息，分为一般控制事件信息和运行告警信息，数据类型一般是包含时间信息的布尔值。一般控制事件信息是对泵站运行过程中分合闸、系统投切、闸门开闭等操作事件的记录，是后续数据分析处理的重要时间参照和逻辑依据。告警信息是泵站运行过程中，运行参数超过或低于警戒阈值，或者因运行的必要系统状态异常、信号缺失等事件造成的突发告警。告警信息在监测环节具有较高的优先级，是信息监测环节的重要构成部分。

2. 信息传输与汇聚系统

根据功能作用和管理特性，智能泵站的信息传输体系分为IT、OT（Operational Technology，操作技术）两类网络。IT网络一般指用于日常业务系统之间链接和数据传输的信息通信网络，OT网络一般指连接生产现场设备与系统，实现自动控制的工业通信网络。

在智能泵站信息传输与汇聚过程中，需要建立完备的网络安全体系，处理好IT、OT两种类型网络之间互联互通与安全隔离的矛盾关系，既保证数据传输和汇聚的畅通，又有效保障生产环境的可靠和安全。

各设备环节、各业务系统的数据经网络汇聚后，形成统一、集成的泵站数据资源体系。在工程实施过程中，泵站的数据资源可按数据的不同特性、用途进行组织整理，形成基础数据、监测数据、调度数据、业务数据等不同的数据库。

为实现泵站各设备环节、各业务系统数据的有效汇聚，需要建立部门统一的数据编码体系，保证各环节数据汇聚过程的统一和兼容。通过数据编码对泵站各环节每一个管理对象，建立部门唯一的编号，实现设备数据、属性数据的关联。基于编码规则，不同设备、不同属性的数据在汇聚过程中，可以有效区分而又相互兼容，既保证了数据管理的便利，又能够从根本上避免智慧泵站建设过程中，各类数据相互关联、融合造成的数据唯一性和一致性问题。

3. 数据分析与算法模型系统

在对泵站设备和业务系统进行完善的数据采集后，需要构建面向应用的数据分析与算法模型系统。数据分析与算法模型系统一般采用开放的模块架构，根据需要加载相应的算法模块，一般包括优化调度类算法、AI信息处理算法和知识图谱等模块。

调度问题常被称为排序问题或资源分配问题。优化调度类算法一般采用系统分析方法及最优化技术，研究有关资源配置的各个因素，合理设计复杂工作流程的工作步骤、时长、占比等因素，在尽可能满足约束条件（如时间、能耗、安全）的前提下，设计最佳调度策略的方法，以获得调度目标的最优化。优化调度技术可以对智能泵站的节能、防汛、运行管理等环节提供决策支撑，通过科学化的方法寻找最优方案，指导泵站运行，保证泵站运行过程的高效和安全。

AI 信息处理算法，一般指基于人工智能算法的计算机视觉应用，包括图像分类、目标检测、目标跟踪等技术环节。图像分类，是根据图像的语义信息，将不同类别图像区分开来，是 AI 信息处理的基本问题，也是后续图像检测、图像分割、物体跟踪等高级应用的基础。目标检测，是在复杂场景中检测出所关心的目标，如人脸检测、安全帽检测等应用。目标跟踪，指在特定场景中，跟踪和记录所关心目标的运动轨迹。

知识图谱是一种借助语义网络技术，描述真实世界中存在的各种实体和概念以及相互之间关系的技术手段。知识图谱可以用来描述、管理和分析复杂的关联信息，发现和分析信息体系中复杂的信息链条。在智能泵站运行管理中，可以利用知识图谱技术指导泵站的故障检测、设备管理等业务。通过构建机组知识图谱，形成机组与部件的组成关系、部件与部件之间关系、部件与传感器之间关系的多维度图谱，从泵站设备的物理装配关系、运行机理关系、对象属性关系等维度，为机组知识图谱的构建提供知识依据，满足调度、运行、维修、安全等不同业务管理过程中分析和知识推理的知识需求。

4. 智慧化业务应用系统

业务系统包括调度、运行、运维和安全管理等泵站日常业务模块，各系统互联互通、协作运行，保证各业务部门相互联动、一体化管控，实现业务管理工作的精细化、自动化、协同化、智慧化。

调度业务智慧化：全面提升泵站机组的优化调度水平和智能化水平。在信息化基础设施的支撑下，在数字孪生泵站数据底板的支持下，依托水泵的水动力学模拟模型和信息化技术的监测监控技术，从水泵的内部和外部联合对泵站运行过程进行数字孪生的模拟和分析，考虑流量优先、机时优先、节能优先、低碳优先等原则进行泵站机组的优化调度模拟和分析，提升泵站机组的智能调度水平。

运行业务智慧化：全面提升泵站经常性业务的标准化管理和智能化管理。以标准化运行管理为核心，结合工程管理规划，构建视觉、听觉、触觉、味觉、嗅觉等五感全面感知标准体系；通过布设传感器、摄像头（监控和 AI 识别）等基础采集设备，建立泵站系统的信息化采集、监控、监管的硬件设施和软件系统，引入 AI 分析算法、BI（Business Intelligence，商务智能）、知识库等先进技术建设数字孪生泵站工程，提升泵站业务运行管理的智能化水平。

运维业务智慧化：全面提高泵站运维的主动性与智能化水平。数字孪生泵站建设提升智能化泵站系统的可控性与安全性，提高对系统运行状态的掌控，实时监测系统和设备的运行状态，结合生产过程中的各项经济技术指标、AI 分析、机组健康状态分析、机组的性能分析及故障分析，主动检测机组运动状态，实时监测机组的健康状态，将建设泵站系统的"被动运维"变成"主动运维"，全面提升泵站系统智能运维过程中故障检测与维修的主动性，为系统的智能化运行提供安全保障。

安全管理业务智慧化：针对安全生产、园区管理等业务过程中的重点、难点问题，针对生产区域准入权限、危险作业申报审批及流程控制、违禁区域闯入检测、安全帽管理等应用环节，借助视频 AI 处理、RFID（射频识别）等技术，提高业务流转过程的信息化程度，减少业务管理过程的主观因素，实现业务过程的自动化、精细化、智能化，提高安全管理业务的管理运行水平。

第2章 南水北调智能泵站的信息采集与传输

2.1 泵站监测信息的采集内容

泵站监测信息的全面采集，需要结合泵站枢纽、总体布置以及相应的泵站类型等因素。泵站枢纽是泵站主体工程及其配套建筑物的总称。泵站的总体布置应包括泵房、进水建筑物、出水建筑物、变电站、枢纽、工程管理用房和其他建筑物、内外交通、通信以及其他维护管理设施的布置。泵站站区的布置应满足安全、消防、环境保护、水土保持等方面的要求。譬如泵站的进水池和出水池应设有防护和警示标志。进水处有污物、杂草等漂浮物的泵站，应设置拦污、清污的设备，其位置宜设在引渠末端或前池入口处。泵站根据作用可以分为多种类型，灌溉泵站、排水泵站及工业和城镇供输水泵站。各个类型的泵站也会有自己的要求，如具有泄洪任务的水利枢纽，泵房与泄洪建筑物之间应有分隔设施；具有通航任务的水利枢纽，泵房与通航建筑物之间应有足够的安全距离及安全设施。

采集信息涉及泵站枢纽的各个组成，泵站、进出水建筑物、渠系、变电所、控制闸、涵洞等，如进水河道水位、进水池水位、出水河道水位、水泵流量、水泵扬程、轴功率、电机输入功率、输出功率、电机效率、传动效率、水泵效率等。泵站的智能化运行要求能对泵站的主机机组、电气系统、泵站辅助设备、配套的水工建筑物的各种电量、非电量的运行数据及水情数据进行巡回检测、采集和记录，并且根据这些参数的给定限值进行监督、报警、记录等。采集的信息包括主机组运行数据、电气设备运行数据、水量数据、辅助设备运行数据、其他信息数据。数据是构建数字孪生平台的基石，将位于各个现地站不同设备传感器采集的数据，通过现场总线、数据传输系统统一交换汇聚到数据共享仓库，作为数字孪生平台的单一事实源。

2.1.1　主机组运行数据采集

主机组监测信息的采集包括机组振动、机组摆度、定子温度、轴瓦温度、填料函温度等。

1. 机组振动

机组振动传感器的作用是测量机组特定位置的机组振动。

（1）机组振动监测的目的

① 测取机组在各种工况下的振动数据，全面了解机组振动情况，为机组以后启停和正常运行提供判断故障的依据。

② 检查设备的运行情况，检验系统的性能，发现并消除可能存在的缺陷。

③ 为高速动平衡提供计算数据。如：按照《水力发电厂和蓄能泵站机组机械振动的评定》（GB/T 32584—2016）的国家标准，机组在过临界转速时，各轴承振动应小于 0.076 mm，轴振大于 0.125 mm 则应报警，轴振大于 0.254 mm 将跳机。

（2）机组振动的测量位置和方位

① 主轴相对振动的测量传感器应互成 90° 布置，测点应尽可能布置在能测量到振动幅值的位置。

② 对于卧式机组，应分别在每个轴承的径向设置 2 个互成 90° 的测点，测量方位宜与上部铅垂方向成 ±45°，各轴承的测点方位应相同。

③ 对于立式机组，应分别在每个导轴承的径向设置 2 个互成 90° 的测点，各轴承的测点方位应相同。

振动传感器应采用惯性式电动传感器，输出量可以是位移也可以是速度。

（3）位移输出传感器主要性能指标要求

① 频响范围：0.5~200 Hz；

② 线性测量范围：0 ~1 000 μm；

③ 幅值非线性度范围：−5%~5%；

④ 工作温度：−10~60 ℃。

（4）速度输出传感器主要性能指标要求

① 频响范围：0.5~200 Hz；

② 幅值非线性度范围：–5%~5%；

③ 工作温度：–10~60 ℃。

2. 机组摆度

机组摆度是机组运行时主轴的径向振动。机组摆度测量包括绝对摆度和相对摆度。绝对摆度指在测量部位测出的实际摆度值。相对摆度指绝对摆度（mm）与测量部位至镜板距离（m）之比值。

按照《水轮机基本技术条件》（GB/T 15468—2020），机组轴承处的绝对摆度不得超过以下值：转速在 250 r/min 以下的机组为 0.35 mm，转速在 250~600 r/min 之间的机组为 0.25 mm，转速在 600 r/min 及以上的机组为 0.20 mm。

机组摆度的测量位置一般设置为：上导轴承处轴的 X、Y 方向摆度；下导轴承或法兰连接处轴的 X、Y 方向摆度；水导轴承处轴的 X、Y 方向摆度。

摆度传感器的性能要求根据传感器的供电电源范围、频率响应范围、工作温度范围、纹波和温漂进行考量。

① 灵敏度：8 V/mm；

② 工作频率范围：0.5~200 Hz（–3dB）；

③ 量程：–1 000~1 000 μm；

④ 幅值非线性度范围：–5%~5%；

⑤ 工作温度：–30~60 ℃。

3. 定子温度

在机组设备运行过程中，要将定子温度控制在合理范围内，满足《旋转电机 定额和性能》（GB/T 755—2019）的要求，因此需设置定子温度测量环节。

机组定子温度的测温元件一般埋在定子线棒中部上下层之间，即安放在层间绝缘垫条内一个专门的凹槽内，并封装。

定子温度传感器选型需考虑的问题如下。

① 被测对象的温度是否需记录、报警和自动控制，是否需要远距离测量和传送。

② 测温范围的大小和精度要求。

③ 测温元件大小是否适当。

④ 在被测对象温度随时间变化的场合，测温元件的滞后能否适应测温要求。

⑤ 被测对象的环境条件对测温元件是否有损害。

4. 轴瓦温度

轴瓦温度上升是由于轴承振动过大，引起油膜破坏，润滑不良引起的。对轴瓦温度的实时监测，用于防范机组轴承出现故障。

一般电机操作规程规定，滚动轴承最高温度不超过 95 ℃，滑动轴承最高温度不超过 80 ℃。

机组轴瓦温度的测量位置一般为：测点 A 位于轴承室内，离轴承外圈不超过 10 mm 处；测点 B 位于轴承室外表面，尽可能接近轴承外圈处。

传感器可以采用光纤温度传感器或热敏电阻传感器。

光纤温度传感器选型应符合《光纤温度传感器通用规范》（SJ 20832—2002）的规定，光纤温度传感器选型需考虑的问题有：测温范围的大小和精度要求、测温元件的外形尺寸是否适当、测温元件的滞后能否适应测温、被测对象的环境条件对测温元件是否有损害。

热敏电阻传感器选型应符合《热敏电阻温度传感器通用技术条件》（QJ 1694—89）的规定，根据传感器的测量准确度、温度范围、控温稳定度、总不确定度、检定数量、工作电源等指标对温度传感器进行性能考量。

5. 填料函温度

填料函温度影响对介质的密封作用。在机组正常运行过程中，填料函温度应控制在 60 ℃以内。

机组填料函温度传感器布置在填料函表面。

传感器可以采用热敏电阻传感器或光纤温度传感器。

2.1.2　电气设备运行数据采集

电气系统，应该测量变压器一次测、二次测的电压、电流、相位，以及主电机进线端的相电压、相电流、绝缘。

测量电流，应于母线联络和母线分段断路器回路、配电变压器回路处设置电流互感器。

测量电压，应于交流系统的各段母线处设置电压互感器。

测量线电压和相电压，应于中性点不接地系统及低电阻接地系统的母线处设置电压互感器。

测量交流系统的绝缘，应于中性点不接地系统及低电阻接地系统的母线和回路处设置电压互感器。

测量装置可采用直接仪表测量、一次仪表测量或二次仪表测量，电气测量仪表的设置应符合《用能单位能源计量器具配备和管理通则》（GB 17167—2006）的规定。

指针式测量仪表测量范围的选择，宜保证电力设备额定值指示在仪表标度尺的 2/3 处。测量有可能过负荷运行的电力设备和回路，宜选用过负荷仪表。

多个同类型电力设备和回路的电测量可采用选择测量方式。

无功补偿装置的测量仪表量程应满足设备允许通过的最大电流和允许耐受的最高电压的要求。并联电容器组的电流测量应按并联电容器组持续通过的电流为其额定电流的 1.3 倍设计。

计算机监控系统中的测量部分、数字式综合保护装置中的测量部分，当其精度满足要求时，可取代相应的常用电测量仪表。

直接仪表测量中配置的电测量装置，应满足相应一次回路动热稳定的要求。

2.1.3　水量参数采集

其他参数监测包括渠道水位、压力、流量等。

1. 水位

泵站的水位测量用于保证泵站机组处于合理的工况区间。泵站水位测量应以标准水准点为基准，满足《泵站现场测试与安全检测规程》（SL 548—2012）的规定。测量位置和传感器选择应满足《泵站现场测试与安全检测规程》（SL 548—2012）要求。

进水池水位测量靠近进水流道（管道）进口处。出水池水位测量靠近出水流道（管道）出口处。当测量部位的水面不平稳时，应设置稳定水面的测井或测筒。

测量水位可采用下列仪器：水位尺、液位传感器、压力传感器、浮子水位计、电子水位计、水柱差压计、测针和钩形水位计、超声波水位计。

各类水位计的环境适应性应满足：工作环境温度 –10~40 ℃（水不结冰）；工作环境相对湿度不大于 95%（40 ℃时）。

水位计的准确度按其测量误差的大小分为 4 级。其置信水平应不小于95%，允许误差见表 2-1。

表 2-1　水位计准确度等级允许误差

准确度等级	允许误差		准确度等级	允许误差	
	水位变幅 ≤ 10 m	水位变幅 > 10 m		水位变幅 ≤ 10 m	水位变幅 > 10 m
0.3	± 0.3 cm	—	2	± 2 cm	不超过全量程的 0.2%
1	± 1 cm	不超过全量程的 0.1%	3	± 3 cm	不超过全量程的 0.3%

水位计的灵敏阈不应超出表 2-2 的要求。

表 2-2　水位计的灵敏阈要求　　　　　　　　　（单位：mm）

准确度等级	0.3	1	2	3
灵敏阈	不超过 0.1	不超过 3	不超过 6	不超过 8

回差应小于水位计准确度的 1.5 倍。重复性误差应小于水位计准确度的50%。再现性误差应小于水位计准确度的 2 倍。

2. 压力

压力测量用于监测水泵腔体压力和输水管道压力。

测量压力时，取压孔应布置在流速和压力分布相对均匀和稳定的断面。压力测量前，应测量被测量断面中心处的高程和测量用仪器仪表基准面的高程。压力测量时，应保证引压管路畅通并排除管路内的空气。

对于离心泵和蜗壳式混流泵，进口压力测量断面宜选在与泵进口法兰相距2 倍管道直径的上游处，出口压力测量断面宜选在与泵出口法兰相距 2 倍管道直径的下游处。

对于轴流泵和导叶式混流泵，进口压力测量断面可选在进口座环处，出口压力测量断面可选在泵出口弯头下游 2 倍管道直径处。

测量压力宜采用真空表、压力表、压力传感器、差压传感器。仪表性能应满足《泵站现场测试与安全检测规程》（SL 548—2012）的相关规定。

3. 流量

流量测量主要用于监测渠道流量、机组流量、管道流量。

不同环节的流量测量，应根据泵站现场条件、检测方法的经济性及不确定度要求，以及表2-3对各种测量方法的分析与评价，通过综合分析对比确定。

表2-3 泵站流量主要测量方法的分析与评价

序号	测量方法	对水质的要求	对装置的要求	经济性	不确定度	其他
1	流速仪法	水中水草、塑料袋等纤维状或形体大的杂物较少；水质无污染或污染较轻	具有较长的顺直管段，且断面规则，几何尺寸易于测量	成本较高，工作量较大	较低	
2	超声波法	水中纤维状或颗粒状杂物较少	具有一定长度的顺直管段，且断面规则，几何尺寸易于测量	成本低，简便易行	低	易受泵站振动和噪声的影响
3	食盐浓度法	水中氯离子含量较低且稳定	无要求	成本高，工作量大	低	
4	差压法	无要求	具有形成差压的条件	成本低，简便易行	较低	应与其他测试方法配合

测量方法选择应满足《泵站现场测试与安全检测规程》（SL 548—2012）的相关规定。

采用流速仪法测量时，宜采用旋桨型流速仪，应优先选择在进出水流道（管道）中；断面规则，几何尺寸应易于测量；流态稳定，流速分布应相对均匀；流速仪螺旋桨应垂直于水流方向。

对于进出水流道或有压流管道，测流断面上游应具有长度不少于20倍管径（或80倍水力半径）、下游不少于5倍管径（或20倍水力半径）的顺直段；对于明渠，测流断面上下游应具有长度不少于15倍水面宽度的顺直段。

采用超声波法测量时，宜优先选用外夹式多声道超声流量计。上下游均应具有一定长度的顺直段，长度满足流量计制造厂家规定的使用要求，测量选址应远离振动源和噪声源。

当泵站的进出水流道（管道）顺直段长度较短或断面不规则时，宜采用食盐浓度法测量流量。但对于原水中氯离子浓度较高或不稳定的水体，不宜采用食盐浓度法测量流量。

采用差压法测量时，取压孔应位于水流稳定区，且不在管道（流道）的顶部或底部，其中心线应垂直于管道（流道）壁面；取压孔内部应光滑无毛刺，孔径为 4~6 mm；取压处为负压时，取压管不应采用软管；差压传感器检定的不确定度不应大于 0.5%。

2.1.4　辅助设备运行数据采集

辅助设备监测包括技术供水、清污机、闸门、阀门状态监测。

1. 技术供水状态

技术供水用于泵站机组的冷却水系统的运行状态，技术供水状态监测应包括冷却水压力、温度、示流信号等主要参数的监测。

冷却水压力测量，应于冷却泵附近设置冷却水压力传感器，选择量程为0.6~60 MPa、输出信号量程为 4~20 mA 的水压力传感器。

温度测量，应于机组冷却水管入口处设置温度传感器，选择量程为0~100℃、电压信号输出为 0~5 V 或电流信号输出为 4~20 mA 的温度传感器。

示流信号，应于冷却泵和机组冷却附近设置示流信号器；选择环境温度为0.5~40 ℃、信号开关功率为 50 W 的示流信号器。

2. 清污机工作状态

清污机工作状态监测，应完成限位、荷重、栅前后水位等主要设备参数的监测。

清污机工作状态监测，应满足《水利水电工程清污机型式　基本参数技术条件》（SL/382—2007）的规定。

限位监测，应于清污机的抓斗处设置限位传感器，采用具有 2 000 万次以上的高可靠使用寿命、位置重复精度可达 0.001 mm 的限位传感器。

荷重监测，应于总耙齿数一半的相邻齿耙上设置荷重传感器，设置工作电压为 10~15 V、允许温度范围为 −20~50 ℃的荷重传感器。

栅前后水位监测，应于栅前栅后处设置水位传感器，设置测量范围为0~40 m、灵敏度小于等于 1 cm、温度为 −10~50 ℃、分辨力为 0.1 cm 或 1.0 cm 的水位传感器。传感器应满足《水位测量仪器　第 1 部分：浮子式水位计》

（GB/T 11828.1—2019）的要求。

3. 闸门工作状态

闸门工作状态监测，用于渠道闸门的工作状态监测，应完成流量、水位、沉降、扬压力等主要参数的监测。监测内容应满足《水闸技术管理规程》（SL75—2014）规定的要求。传感器选择应满足《水闸设计规范》（SL 265—2016）规定的要求。

水位测量，一般在闸的上下游进行观测，测点应设置在水流平顺、水面平稳、受风浪或泄流影响小的地点，一般可采用测量范围为 0~40 m、灵敏度小于等于 1 cm 的浮子水位计或雷达水位计。

流量测量，一般在适宜地段设测流断面，设置浮标或流速仪进行流量实测，一般可采用测流范围为 0.04~5.00 m/s、水深范围为 0.02~5.00 m 的流速仪。

沉降测量，一般在闸室和翼墙底板的端点和中点位置设置沉降标点进行观测。

扬压力测量，一般在地下轮廓线有代表性的转折处设置测压管或者渗压计进行观测，一般采用管内径大于 0.5 cm、工作压力为 40~60 MPa 的测压管或者量程为 0.2~2 MPa、分辨率为 0.05% 的渗压计进行观测。

4. 阀门工作状态

阀门工作状态监测，用于对输水管道的实时工作状态进行监测。阀门工作状态监测应完成阀门流量、瞬态压力等参数的监测。

阀门流量监测，一般在阀门的进出口端；采用的水压传感器性能应满足《阀门　流量系数和流阻系数试验方法》（GB/T 30832—2014）的要求；设置输出信号为 0~10 V，测量精度为 0.5% 以内的电磁流量传感器。

瞬态压力监测，一般在进水阀处设置量程为 1~150 MPa、输出信号为 RS485 的水压传感器。

2.1.5　其他信息采集

其他参数监测包括视频 / 图像、声音、气体监测。

1. 视频 / 图像信息

视频 / 图像信息传感器的作用是通过红外或可见光监测记录特定位置的视频 / 图像信息。

视频 / 图像信息应根据需要，支持红外、可见光等不同波段。视频采集系统应支持标准的 ONVIF（Open Network Video Interface Forum，开放型网络视频接口论坛）协议及《公共安全视频监控联网系统信息传输、交换、控制技术要求》（GB/T 28181—2022）的规定，使第三方厂家在不增加硬件设备的前提下可通过此两种标准协议完成系统的接入。视频采集系统单路图像的像素数量不应低于 1 280 × 720（720 P）；单路图像的帧频不应低于 25 fps。

2. 声音信息

声音信息的作用是实现设备异常噪声源的实时记录，直观反映设备故障情况。

对机械运行状态的声学监测，应包括声音的声强、声功率、频谱，可采用声频放大器测量方法或传声器测量方法。

采用声频放大器测量方法，应满足《声系统设备 第 3 部分：声频放大器测量方法》（GB/T 12060.3—2011）的相关规定。

采用传声器测量方法，应满足《声系统设备 第 4 部分：传声器测量方法》（GB/T 12060.4—2012）的相关规定。

监测位置应满足《声学 机器和设备发射的噪声 测定工作位置和其他指定位置发射声压级的基础标准使用导则》（GB/T 17248.1—2022）的规定。

3. 气体监测

气体监测旨在监测电气系统在异常情况下高温产生的可燃烃类、臭氧气体。特殊气体的监测位置宜位于低压室电缆夹层、高压室电缆夹层、电气柜内等易发生电气火灾的封闭环境，具体可参照《水利工程设计防火规范》（GB 50987—2014）进行传感器配置。

2.2 泵站监测信息的传输

泵站监测信息的传输主要介绍设计传输的模式及常用的总线协议。

2.2.1 传输模式

智能泵站系统的各个站点分散，相互距离较远，信息传输可采用有线、无线方式。传统的泵站监控系统和现场站点之间大多采用有线信号传输方式，但布线容易受建筑布局限制、监控点位比较固定，从而导致以下业务方面的一些不足。

（1）现场出现故障无法及时反馈给维护人员，出现问题无法及时追踪问题。

（2）只能通过集控中心查看数据，不能随时随地查看现场设备信息。

可见单一有线信号传输方式无法满足目前实时跟踪现场以及调度指令高效传达等业务需求。

现代智能泵站多采用远程监测系统，通过压力传感器、流量计、温度传感器、电参数采集模块等采集泵站现场运行数据，由多功能智能无线网关统一读取后通过移动运营商的 4G/5G 无线网络将数据传输至云端服务器，具体过程如图 2-1 所示。

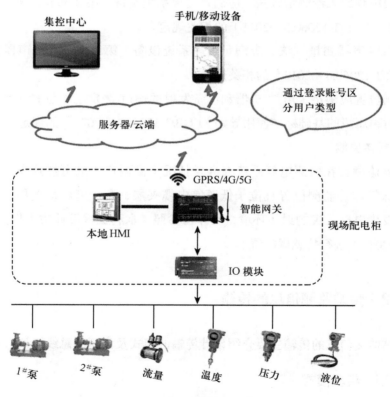

图2-1　远程监测系统结构图

（1）现场配电柜实现对泵的监测控制，并实时获取现场管路温压流及水箱液位。

（2）网关实时获取 IO 模块设备信息，通过无线（GPRS/4G/5G）方式发送数据到服务器或云端。

（3）现场温度、压力、流量、液位仪表可以采用有线或者无线方式，具体需要根据用户需求和现场特点选择。

（4）用户通过网页或 App 账号登录后台，实时监测现场设备，并且可以实现远程参数修改、远程控制等功能。

由于云端服务器就可实现各泵站子系统数据显示、实时刷新现场数据、动画显示设备运行状态、远程启停设备、报警提醒以及维修工单派发等功能，泵站系统运维人员可通过手机或计算机端的 IE 浏览器登录网址输入用户名、密码来查看泵站实时运行状态，极大地减少了维护人员去现场巡检的工作量，降低了人力成本开销，实现了减员增效。

2.2.2 现场总线协议

现场总线也被称为开放式、数字化、多点通信的底层控制网络。工业现场总线控制系统（Fieldbus Control System）的原理如图 2-2 所示。每一个现场智能设备视为 1 个网络节点，通过物理上的现场总线实现各节点之间及控制管理层级之间的信息传输，是一种全数字、串行、双向、多点、开放式的通信系统。

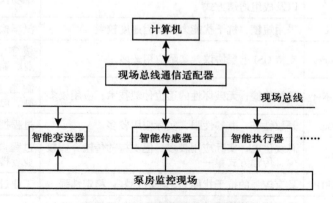

图2-2 现场总线控制系统原理图

现场总线控制系统具备多个显著优点：首先，其总线式结构可以实现数据信号的双向传输，提高数据信号传输精度和抗干扰性，从而进一步增强系统的稳定性；其次，现场总线控制系统具有开放互操作性，采用统一开发互联网，提高了系统的透明性；最后，现场总线控制系统属于彻底的分散控制，可以将控制功能下放至现场设备中，信息综合且组态灵活。

现场总线技术不仅是一种通信技术，更融入了智能化仪表、计算机网络和OSI（开放系统互联）等技术的精粹。国际电工委员会《现场总线标准》（IEC 61158）对现场总线的定义是"主要是被安装在制造和过程区域内，能够实现现场设备与控制室内的自动化设备之间的数字式、串行、多点通信的数据总线称为现场总线"。20世纪90年代以来，在RS485、RS422基础上开发了多种数字通信协议，各种现场总线的标准陆续形成。目前，世界上有几十种现场总线，如德国西门子公司的ProfiBus，日本的CC-Link、MODBUS，美国的DeviceNet与ControlNet等，法国的FIP，国际标准化组织——现场总线基金会FF（FieldBus Foundation），Echelon公司的LonWorks，RoberBosch公司的CAN，Rosemounr公司的HART，Arcnet等。表2-4列出了常见现场总线各种协议及其相应特点。

表2-4　常见的几种现场总线协议对比

序号	总线名称	技术特点	主要应用场合
1	FF	功能强大，实时性好；但协议复杂，实际应用少	流程控制、工业过程控制、化工
2	HART	兼有模拟仪表性能和数字通信性能；允许问答式以及成组通信方式	现场仪表
3	CAN	采用短帧，抗干扰能力强；但速度较慢	汽车检测、控制
4	LonWorks	支持OSI七层协议，实际应用较多	楼宇自动化、工业、能源
5	DeviceNet	短帧传输；无破坏性的逐位仲裁技术；应用较多	制造业、工业控制、电力系统
6	InterBus	开放性好，兼容性强，实际应用较多	过程控制
7	ProfiBus	总线供电，实际应用较多；但支持的传输介质较少，传输方式单一	过程自动化、制造业、楼宇自动化
8	WorldFIP	具有较强的抗干扰能力，实时性好，稳定性强	工业过程控制
9	CC-Link	具有优异的抗噪性能和兼容性，使用简单，应用广泛	工业
10	MODBUS	标准、开放；可支持多种电气接口，如RS485等；应用较多	工业控制

1. RS485 总线

RS485 总线是电气接口中的一种，属于 7 层 OSI 模型物理层的协议标准，是一种典型的通信信息标准。RS485 总线的网络拓扑通常采用终端匹配的总线型结构，是专门为快速多点数据传输而开发的。RS485 能够使用二线与四线方式，二线制可实现真正的多点双向通信。而采用四线连接时，只能实现点对多点的通信，即只能有 1 个主设备，其余为从设备。无论四线还是二线连接方式，总线上可多接 32 个设备。RS485 的共模输出电压范围为 –7~12 V，RS485 接收器最小输入阻抗为 12 kΩ，最大传输距离为 1 219 m，最大传输速率为 10 Mb/s。RS485 需要 2 个终接电阻，其电阻大小必须和传输电缆的特性阻抗相一致。在短距离传输时可以不接终接电阻，即一般在 300 m 以下可以不接终接电阻。因此，RS485 接口替代 RS232 接口广泛应用于中小型集散系统中。控制信号的传输通过 RS485 总线，具有强抗干扰性，传输距离远，特别适合于环境恶劣的场所。

RS458 接口标准的具体参数如表 2–5 所示。

表 2–5　RS485 接口参数

性能指标	RS485 总线
工作模式	差分传输（平衡传输）
允许的收发器数目	32
最大电缆长度	4 000 英尺（1 219 m）
最大数据传输速率	10 Mb/s
最小驱动输出电压范围	–1.5~1.5 V
最小驱动输出电压范围	–5~5 V
驱动器输出阻抗	54 Ω
接收器输入灵敏度	± 200 mV
接收器输入电压范围	–7~12 V

RS485 采用差分传输方式，也称作平衡传输接收方式，即发送端将串行口的 TTL 电平信号转换成差分信号 a、b 两路输出，经过线缆传输之后在接收端将差分信号还原成 TTL 电平信号，+2~+6 V 表示"0"，–6~–2 V 表示"1"。在使用 RS485 接口时，对于特定的传输线路，从 RS485 接口到负载其数据信号传

输所允许的最大电缆长度与信号传输的波特率成反比，这个长度数据主要受信号失真及噪声等影响。

RS485 总线为半双工通信方式，即同一时刻只能有一个节点处于发送状态，否则会引起总线冲突。为了减少总线冲突，应采用总线侦听的方式。在发送端发送数据帧之前侦听总线是否忙，即是否有节点正在发送数据帧。若总线空闲，则向总线广播申请帧，然后发送数据进行 CRC（循环冗余码）校验，否则循环等待。

2. MODBUS 协议

MODBUS 是一种工业通信和分布式控制系统协议，是 1979 年由美国 Modicon 公司发明的第一个真正用于工业控制系统的现场协议。随着工业的发展和互联网技术的进步，MODBUS 协议已经成为总线系统内设备间通信中使用最为广泛的工业控制通信协议。MODBUS 协议定义的是一种数据帧结构，独立于物理层介质，所有控制器能够识别和使用，而不管设备通信的网络类型，因而具有非常良好的适用性，通过此协议，控制器相互之间、控制器经由网络和其他设备之间可以通信。

MODBUS 总线协议采用主站查询从站的方式，主方所发出的请求帧和从方所发出的应答帧都是以从方地址开头的。从方只读发给自己的指令，对以其他从方地址开头的报文不予理睬，并对接收到的正确报文予以应答，这种一问一答的通信模式，不仅大大提高了通信的正确率，而且使得 MODBUS 协议相对来说比较简单。物理接口可以是 RS232、RS485、RS422、RJ45，通信介质采用屏蔽双绞线或光纤，RS232 接口用双绞线作介质时，不带中继器的距离为 15 m，节点数 247 个，通信速率为 19.2 kbps。

MODBUS 协议也成了一种事实上的通用标准，因此大部分组态监控软件都支持 MODBUS 协议。MODBUS 总线定义了两种传输模式，即 RTU（Remote Terminal Unit）和 ASCII（American Standard Code for Information Interchange）。在 RTU 模式中，1 字节的信息作为 1 个 8 位字符被发送，而在 ASCII 模式中则作为两个 ASCII 字符被发送，如发送字符"20"时，采用 RTU 模式时为"00100000"，然而采用 ASCII 模式则成为"00110010"+"00110000"（ASCII 字符的"2"和"0"）。可见，发送同样的数据时，RTU 模式的效率大约为 ASCII 模式的两倍。一般来说，通信数据量少而且主要是文本时采用 ASCII；通信数据量大而且是二进制数值时，多采用

RTU 模式。

主站一次可向 1 个或所有从站发送通信请求（或指令），主设备通过消息帧的地址域来选通从设备。主站发送的消息帧的内容和顺序为：从站地址、功能码、数据域（数据起始地址、数据量、数据内容）、CRC 校验码；从站应答的信息内容和顺序与主站信息帧基本相同。MODBUS 除了定义通信功能码之外，同时还定义了出错码，标志出错信息。主站接收到错误码后，根据错误的原因采取相应的措施。从站应答的数据内容依据功能码进行响应，如功能代码 03 要求读取从站设备中保持寄存器的内容。

2.2.3　典型的泵站数据传输系统

工业监控数据采集和传输系统通过监测前端、传输链路、监测中心构成的系统、运用控制理论、仪器仪表、计算机和其他科学技术，对生产过程的各种信息进行采集、编码、传输，工业数据传输链路一般需满足高带宽、实时性强、可靠和稳定等行业特点，以便支持对各种监测数据的统一综合管理。

1. PLC 系统

PLC（Programmable Logic Controller，可编程逻辑控制器）是一种结合了计算机技术、通信技术和自动化控制技术的通用型的工业控制装置。PLC 的核心部分是微处理器，它采用可编程存储器，其内部存储执行顺序控制、逻辑运算、计数、定时等操作指令，通过模拟式、数字式的输入和输出，控制各种类型的生产过程。PLC 的主要特点如下。

（1）体积小，功能强

使用 PLC 控制系统，可以大大减少继电器的数量，小型的 PLC 的体积仅仅相当于几个继电器的大小。PLC 虽然体积小，但它有成百上千个可供用户使用的编程元件，可以实现非常复杂的控制功能。

（2）使用方便，简单易学

PLC 产品已经标准化、模块化、系列化，各种硬件装置配备齐全，用户可以灵活选用不同装置进行系统配置，来实现不同规模和不同功能的系统。PLC 的梯形图编程语言与继电器电路原理图相似，形象直观、易学易懂。

（3）可靠性高，维修方便

PLC 用软件来代替继电器硬件开关，大大减少了硬件接触不良造成的故障。PLC 采取了一系列硬件和软件抗干扰的措施，提高了控制系统的抗干扰能力，PLC 的故障率大大降低。同时它还有完善的自诊断和显示功能，当 PLC 或输入装置或执行机构发生故障时，PLC 上的发光二极管就会发光，编程器会提供相关的故障信息，操作人员可以迅速查明故障原因并排除故障。

PLC 在程序运行上采用扫描方式工作，其周而复始地按固定顺序对系统内部的各种任务进行查询、判断和执行。PLC 控制广泛应用于制造业，具有逻辑控制功能强、性能稳定、可靠性高、技术成熟、使用广泛的特点。

2. DCS 系统

DCS（Distributed Control System，集散控制系统）产生于 20 世纪 70 年代末，它适用于控制点数多而集中、测控精度高、测控速度快的工业生产过程。DCS 在功能上要比 PLC 强很多，DCS 不仅可以实现逻辑开关量的控制，还可以实现其他模拟量的常规控制和联锁控制等。DCS 系统具有分散控制集中管理的功能。DCS 系统的特点如下。

（1）安全性能高

DCS 系统一般由上位管理计算机、操作站和现场控制站等组成，甚至有的 DCS 系统还有专门的逻辑控制站，逻辑控制站功能相当于 PLC。DCS 的每一个控制站与操作站、上位机之间，以及控制站与控制站之间都是相对独立的，本站的故障不会对其他站造成影响，可以进一步分散危险。DCS 系统广泛采用的容错、冗余技术，大大提高了整个系统平均修复时间和平均无故障时间，提高了系统的可靠性。DCS 系统采用故障检测和诊断技术，能够及时发现并及时处理故障，避免扩大事故，减少装置停车的损失。

（2）人机界面友好

DCS 系统的人机界面友好，能够集中操作显示，精简了常规的监视仪表，为运行人员提供了综合性的监控、操作画面和相关信息，有利于工作人员全面掌握和分析仪表设备的运行工况，操作控制整个生产过程。事件顺序记录和事故追忆打印功能，可以帮助工作人员迅速判断并处理事故，及时恢复运行，减少设备停机时间。

（3）容量大，功能强

随着计算机技术的发展，DCS 系统不仅控制站容量不断扩大，而且扫描速度也在不断提高。DCS 与 PLC 的工作方式或硬件结构相似，但 PLC 专注于逻辑控制，DCS 侧重于对模拟量的控制。DCS 系统功能模块丰富，并能实现复杂的先进控制算法。

（4）操作站组态维护简便

PLC 的监控和操作是由工控机通过各种不同接口完成的，DCS 采用统一的操作平台，一般使用通用的操作系统，针对工业控制的特殊功能很少。DCS 的操作性能远远优于工控机，具有很多专用功能，其成熟丰富的管理功能使用户省去了二次开发的麻烦。

3. SCADA 系统

SCADA（Supervisory Control and Data Acquisition，监控与数据采集系统）是一类功能强大的计算机远程监督控制与数据采集系统，和普通 IT 系统不同，具体见表 2-6，SCADA 系统适用于监控点分布广泛的监控情形。它综合利用计算机技术、控制技术、通信与网络技术，完成对测控点分散的各种过程或者设备的实时数据采集、本地或远程自动控制，以及生产过程的全面实时监控，并为安全生产、调度、管理、优化和故障诊断提供必要和完整的数据及技术支持。

表 2-6　普通 IT 系统与 SCADA 系统的比较

普通 IT 系统	SCADA 系统
非实时系统	实时性要求高
不注重响应时间	注重响应时间
允许时延	时延可能导致事故
注重数据的正确性	注重数据的完整性
网络协议有安全措施	工业协议无安全措施

SCADA 系统在控制层面上至少具有两层结构及连接两个控制层通信的网络共三个部分：第一部分是位于测控现场的数据采集与控制终端设备，通常称作下位机；第二部分是位于中控室的集中监视、管理的远程监控计算机，通常称作上位机；第三部分是数据通信网络，包括上位机网络系统、下位机网络系统以及将上下位机系统连接的通信网络。这三个部分共同构成了 SCADA 系统，SCADA 系统广泛采用"集中管理，分散控制"的思想，即使上下位机通信中断，现场的测控设备仍能正常工作，确保系统的安全、可靠运行。

（1）下位机系统

下位机系统一般由各种智能设备和检测仪表、执行设备组成。下位机系统不仅能够完成数据采集功能，而且还能完成设备或者各种参数的直接控制。各智能设备都有着自己独立的系统软件和由用户开发的应用软件。典型的智能现场设备有远程终端设备（RTU）、可编程逻辑控制器（PLC）、可编程自动化控制器（PAC）和智能仪表等。

SCADA 系统中监控的参数可以分为模拟量、数字量和脉冲量，模拟量包括温度、压力、物位、流量等典型的过程参数，而数字量包括设备的启 / 停状态等。检测仪表、执行设备与下位机的通信方式有很多种，有串行通信、现场总线等有线通信方式，也有数传电台等无线通信方式。

（2）上位机系统

上位机系统通常包括 SCADA 服务器、工程师站、操作员站、Web 服务器等，这些设备通常采用以太网联网。具体上位机系统到底如何配置还需要根据系统的规模和要求而定，最小的上位机系统只需要 1 台 PC 即可；对于结构复杂的 SCADA 系统，可能需要多个上位机系统，系统除了 1 个总的监控中心外，还有多个分监控中心。

上位机系统的主要功能如下。

① 数据采集和状态显示。

SCADA 系统通过下位机采集现场数据和设备状态，然后上位机通过通信网络将这些数据进行汇总、记录和显示。

② 远程监控。

上位机采集的数据具有全面性和完整性，监控中心的控制管理也具有全局性，能更好地实现系统合理、优化运行。远程控制不仅表现在监控中心可以通过上位机管理设备的启 / 停，还可以通过修改下位机的控制参数来实现对下位机运行的管理和监控。

③ 报警和报警处理。

SCADA 系统上位机可以以多种形式显示发生的故障的名称、等级、位置、时间和报警信息的处理或应答情况。

④ 事故追忆和趋势分析。

上位机系统的运行记录数据，如报警与报警处理记录、用户管理记录、设备操作记录、重要参数记录、过程数据记录等可以用于分析和评价系统运行情况。

⑤ 与其他应用系统结合。

工业控制的发展趋势是综合自动化，典型的系统架构为 ERP（Enterprise Resource Planning，企业资源计划）/MES（Manufacturing Execution System，制造执行系统）/PCS（Process Control System，过程控制系统）三级系统结构，SCADA 系统属于 PCS 层，为上层系统提供各种信息，也可以接收上层系统的调度、管理和优化控制指令，实现整个企业的优化运行。

（3）通信网络

通信网络是实现 SCADA 系统的数据通信，是 SCADA 系统的重要组成部分。一个大型的 SCADA 系统包含多种层次的网络，如设备总线、现场总线；在控制中心有以太网；连接上下位机的通信形式更是多样，既有有线通信方式，又有微波、卫星等无线通信方式。

2.3　智能泵站的 IT-OT 网络集成

泵站系统，由于工业控制和业务管理的双重需要，其网络构成由 IT-OT 网络集合而成。

2.3.1　业务网和控制网的融合

IT（Information Technology，信息技术）是主要用于管理和处理信息所采用的各种技术的总称。OT（Operation Technology，操作技术）是工厂内的自动化控制系统操作专员为自动化控制系统提供支持，确保生产正常进行的专业技术。IT 代表了计算机业，如计算、存储、网络、云计算、数据库等，像 ERP（Enterprise Resource Planning，企业资源计划系统）、PLM（Product Lifecycle Management，产品生命周期管理系统）、CRM（Customer Relationship Management，客户关系管理系统）、SCM（Supply Chain Management，供应链管理系统）等常用的企业运营管理系统，均属于 IT 范畴。OT 是专门用于直接监控或控制物理设备（如阀门、泵等）来检测物理过程，或使物理过程发生变化的硬件和软件。直观来看，OT 其实就是工业控制系统（PLC、DCS、SCADA 等）及其应用软件的总称，但其应用软件显然隐含了工业工程技术的丰富内容。如现场控制、检测相关的技术，包括 PLC、DCS、SCADA，以及各种仪器仪表、传感器、机器设备等，也包括背后隐含的生产过程、生产工艺与知识。OT 直接面对工业生产的物理设备和过程，保证其安全、稳定地运行，首要目标是保质保量完成产品生产，长期以来采用专用的系统、网络和软件。从这个意义上讲，与 IT 相比，OT 的开放性和标准化有待改善和提升。IT 主要指用于管理和处理信息所采用的各种技术，它应用计算机科学和通信技术来设计、开发、安装和实施信息系统及应用软件。

由上述可见，传统的 IT 系统主要专注于传输、处理和存储数据，而 OT 系统则专注于控制物理设备。即使存在这些差异，IT 与 OT 融合也是必经之路，同时在技术方面也面临着一些实际问题。首先是数据的传输接口与标准统一问题，IT 通常是非实时的，秒级响应就足够了，网络主要采用标准以太网，而 OT 常用现场总线和工业以太网，对数据实时性（毫秒级或微秒级）和传输确定性要求很高，网络传输低抖动，IT 与 OT 融合首先要解决网络互联、数据互通的问题。随着工业 4.0 规模的不断扩大，泵站自动化设备和传感器也将产生越来越多的数据。由于自动化系统产生了大量的数据，这就要求 IT 与 OT 网络能够处理不断增长的数据流。如何高效传输这些数据流，同时又不削弱 OT 网络的运营完整性，将是一项重大挑战。与此同时，还需要优先考虑质量、安全和正常运行时间等因素。

泵站的网络部署一般包括控制专网、业务内网、业务外网、互联网，各个现地站的点位信息采集和传输位于控制专网，泵站的调度、运行、维修、安全等业务信息处理和传输位于业务内网，OA（办公自动化系统）以及视频监控位于业务外网，和其他单位的相关业务数据传输通过互联网。目前，泵站各个工程的控制专网、业务内网、业务外网、互联网连接分别部署，并没有形成统一的规划管理及策略配置，为了整合业务，统一运行及管理，急需将泵站的业务网络和控制网络进行整合及集成。

一是泵站不同工程的网络系统存在建设时间不同、建设标准不统一、运行模式不一致的问题，需要进行网络融合和统筹管理。

二是为了使业务网络和控制网络整体化，从而更好地为生产服务、更方便有效地管理网络，以及实现更高效的互联互通，需要对泵站几套网络现有的连接方式进行整改，统一并入新的网络策略。

三是通过网络融合工程的通信系统改造和升级，大大提高泵站不同工程通信系统的互联互通能力，改造升级后的系统将是支持指挥调度、电话会议、调度录音等多媒体通信的综合业务平台，可满足防汛抗旱指挥调度时，泵站对语音、数据业务等通信和业务方面的需求；可为日常行政办公、水资源管理、水资源保护、水利工程建设管理、水利信息化建设等工作提供可靠的通信服务；可形成标准化、业务职能明确、丰富且又高度融合的业务运行及行政办公通信网。

2.3.2　智能泵站网络方案

工业互联网是实现 OT 与 IT 融合的重要载体和关键平台，工业互联网平台功能架构与云计算架构高度类似，但增加了边缘层；包括 IaaS（基础设施即服务）、PaaS（平台即服务）、SaaS（软件即服务）在内的关键内容也都类似于云计算。边缘层实质上是生产现场，属于 OT 部分。OT 位于底层，实施数据采集和动作执行；CT 连接所有节点，负责数据传输；IT 位于上层，负责数据运算和分析，如图 2-3 所示。

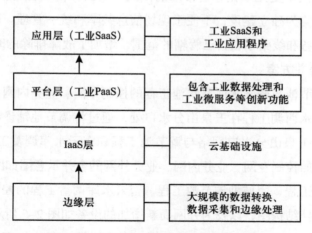

图2-3　工业互联网平台功能架构示意图

下面以北京市南水北调团城湖管理处的工业控制专网和业务网络整合为案例，分析 IT-OT 网络集成的具体实施过程。团城湖管理处下辖团城湖调节池工程、密云水库调蓄工程、东水西调工程，三个工程分别部署各自的控制专网，以实现对其监测范围内机电设备、仪器仪表、传感元器件的数据及工况感知。

三个系统相互独立，无联通、无数据交换。其中，团城湖管理所下辖调节池入水口、调节池环线分水口、调节池燕化田村分水口共 3 个现地站，密云水库调蓄工程下辖屯佃泵站、前柳林泵站、埝头泵站、兴寿泵站、李史山泵站、西台上泵站、郭家坞泵站、雁栖泵站、溪翁庄泵站共 9 个泵站，东水西调管理所下辖杏石口泵站、麻峪泵站、玉泉山泵站共 3 个泵站。团城湖调节池工程承担着满足北京市自来水厂供水变化需求、水源应急切换要求和分配水量的任务；密云水库调蓄工程主要从团城湖取水，并加压输送至密云水库，增加密云水库蓄水量，提高北京市水资源战略储备和城市供水率。

1. 网络现状

由于业务调整，东水西调工程并入团城湖管理处管辖范围，原来管辖下的团城湖调节池、密云水库调蓄工程和新并入的东水西调工程的控制专网、业务内网、业务外网、程控电话及视频会商分别连通，东水西调网络独立运行，无法和团城湖进行数据共享，不能形成统一的调度指挥。东水西调工程的各个泵站没有到北京市水务局的出口，不能使用北京市水务局或团城湖管理处的 OA 办公系统，无法享受无纸化办公带来的便捷。密云调蓄工程的程控电话系统、视频会商系统均为独立建设，不便于现场信息共享和统一管理。现有网络结构使得一部分设备和线路不在自己管辖的范围，增加了故障排除的时间。

2. 网络合并方案

团城湖调节池与密云水库蓄水池工程的控制专网、业务内网以及业务外网分别连通。东水西调工程在玉泉山分水口处，通过将调节池铺设在附近的光纤截取几芯，将玉泉山分水口网络与调节池工程和密云水库调蓄工程网络相连。其中三大工程的控制专网、业务内网、业务外网的合并示意图如图 2-4 所示。

东水西调工程、团城湖调节池工程、密云水库调蓄工程的控制专网、业务内外网并网拓扑结构图，以及为并网而新增加的设备如图 2-5 所示。

控制专网：将密云管理分中心、调节池管理分中心、东水西调管理分中心的控制专网的核心交换机通过光纤互联，通过在密云管理分中心、调节池管理分中心、东水西调管理分中心的控制专网核心交换机配置通向各调度中心的路由，并配置相应的 ACL（控制列表）来控制网络之间的访问情况。其优点是可以实现网络互通、各调度中心统一管理的效果。

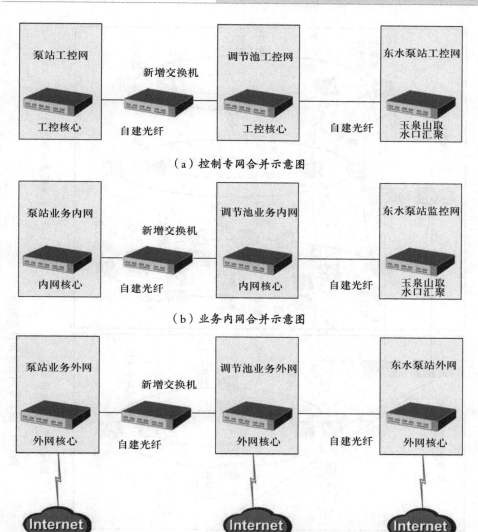

（a）控制专网合并示意图

（b）业务内网合并示意图

（c）业务外网合并示意图

图2-4　团城湖管理处三大工程网络合并方案

业务内外网：将密云管理分中心、调节池管理分中心、东水西调管理分中心的业务内网、业务外网通过光纤互联，实现密云管理分中心、调节池管理分中心、东水西调管理分中心的业务内网互通、业务外网互通；再将内网防火墙连接到外网防火墙，并通过安全策略限制内网与外网地址互通，从而达到逻辑上的隔离。其优点是实现各调度中心的业务内网互通、业务外网互通，实现统一管理，增加网络扩展性，可以通过策略来达到业务内网和业务外网之间的通信。

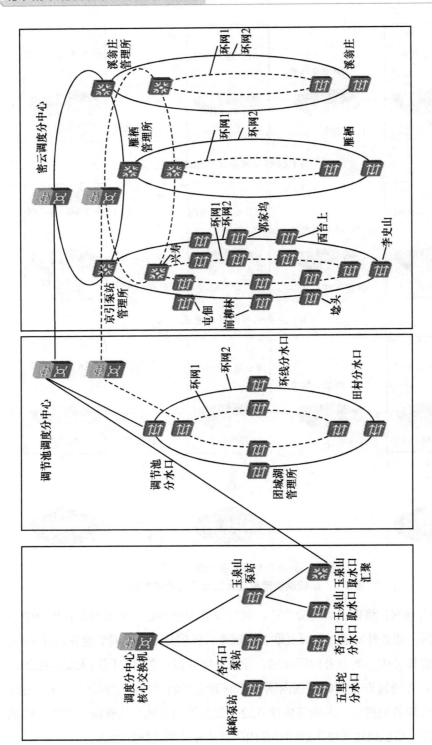

（a）东水西调管理所控制专网

（b）团城湖调节池控制专网

（c）密云水库调蓄工程控制专网

图2-5　控制专网合并拓扑结构图

3. 并网实施效果

网络合并后，对东水西调原有的网段进行改变，改成与团城湖调节池统一的地址分配，团城湖调节池、密云水库调蓄工程、东水西调管理所网络，控制专网之间互联互通，与业务内网和业务外网直接实现物理隔离，业务内网之间互联互通，与业务外网通过防火墙互联，实现逻辑隔离。网络互联互通后，团城湖调节池在核心交换机上将密云水库调蓄工程和东水西调管理所的流量镜像到现有的网管软件，网管软件就可以统一监控团城湖调节池、密云水库调蓄工程、东水西调管理所的网络运行情况。

2.4 数字孪生泵站的数据建设

实现数字孪生是目前水利工程的重要发展方向，数字孪生泵站的建设过程中，需要重点解决数据底座和数据采集传输等问题。

2.4.1 孪生系统的数据底座

数字技术和实体泵站融合演进、跨时空连接带来了数实融合的全新体验，数字孪生泵站正日益在产业转型深化阶段发挥着重要作用。数字孪生泵站工程技术以泵站运行管理为核心，通过全域全周期数据采集，复原泵站重要场所、重要设备、运转流程，并利用孪生世界的实时性、互操作性、可预测性的特点和优势，代替经常性的运行巡视、机组控制、设备检测等人工操作，提升工程运行预警能力、应急预案和调度方案预演能力、机组健康预报及故障溯源能力，用"以机代人"实现"减员增效"。

数字孪生泵站工程技术框架自底向上一般包括实体工程底盘、信息化基础设施（由监测感知、工程自动化控制、通信网络等组成）、孪生平台数据底板、孪生平台模型库和知识库、顶层的智慧化业务应用。一个稳定可持续迭代的数据底座，包括离线数仓、实时数仓、数据湖，对于打破数据孤岛和垄断，打通数字孪生平台的数据供应通道，统一管理数据资产具有重要作用。作为数字孪生平台的基石，数据底座中的数据越完备越准确，数据模型的丰富度和准确性就越高。

依据工程标准化管理的要求，数字孪生泵站数据底座包括三级模型建设，通过对泵站重要场所、重要设备和运转流程进行梳理，厂区外利用市级大数据平台共享的工程管理和保护范围 DEM（数字高程模型）、DOM（数字正射影像图）资源建设 L1 级三维模型，主厂房利用市级大数据平台共享的工程管理和保护范围 DEM、DOM 资源建设 L2 级三维模型，高压室、机组等设备设施利用泵站的现状数据、补充数据自建 L3 级模型，并融合基础数据、实时监测数据，孪生高压室、机组实时工况运行的仿真体。

2.4.2　孪生系统的数据采集传输

数据采集是构建数据底座的基础，作为物理网络的数字镜像，数据越全面、准确，数字孪生网络越能高保真地还原物理网络。高精度传感器数据的采集和快速传输是整个数字孪生系统的基础，温度、压力、振动等各个类型的传感器性能都要最优以复现实体目标系统的运行状态，传感器的分布和传感器网络的构建要以快速、安全、准确为原则，通过分布式传感器采集系统的各类物理量信息以表征系统状态。同时，搭建快速可靠的信息传输网络，将系统状态信息安全、实时地传输到上位机供其应用具有十分重要的意义。数字孪生泵站是物理实体泵站系统的实时动态超现实映射，数据的实时采集传输和更新对于数字孪生具有至关重要的作用。大量分布的各类型高精度传感器是整个孪生系统的最前线，为整个孪生系统起到了基础的感官作用。

目前，数字孪生系统数据采集的难点在于传感器的种类、精度、可靠性、工作环境等受到当前技术发展水平的限制，采集数据的方式也有局限；数据传输的关键在于实时性和安全性，网络传输设备和网络结构受限于当前技术水平，无法满足更高级别的传输速率，网络安全性保障在实际应用中同样应予以重视。

随着传感器水平的快速提升，很多 MEMS（Micro Electro Mechanical System，微机电系统）传感器日趋低成本和高集成度，而高带宽和低成本的无线传输，如 IoT 等技术的应用推广，能够为获取更多用于表征和评价对象系统运行状态或异常、故障、退化等复杂状态提供前提。许多新型的传感手段或模块可在现有对象系统体系内或兼容于现有系统，构建集传感、数据采集和数据传输于一体的低成本体系或平台，也是支撑数字孪生泵站建设的关键部分。

数据采集技术可采用目标驱动模式，数据采集的类型、频率和方法以满足数字孪生网络的应用为目标，兼具全面、高效的特征。当对特定网络应用进行数据建模时，所需的数据均可以从网络孪生层的数据共享仓库中高效获取。以目标应用为驱动，只有全面、高效地采集模型所需数据，才能构建精准数据模型，为目标应用提供良好服务。

网络数据采集方式有很多，如技术成熟、应用广泛的 SNMP（Simple Network Management Protocol，简单网络管理协议）、NETCONF（Network Configuration Protocol，网络配置协议），可采集原始码流的 NetFlow、sFlow（两种基于不同技术的网络监测功能），支持数据源端推送模式的网络遥测等；不同的数据采集方案具备不同的特点，适用于不同的应用场景。结合数字孪生网络对数据采集全面、高效的要求，可选择网络遥测技术作为数据采集的解决方案。

网络遥测是指自动化远程收集网络多源异构状态信息，进行网络测量数据存储、分析及使用的技术，网络遥测系统具备如下主要特征。

① 推送模式：设备支持通过推送模式主动向遥测服务器发送采集数据。

② 大容量和实时性：网络遥测数据可直接被系统使用，因此支持大容量和实时数据。

③ 模型驱动：数据使用 YANG 模型描述，可扩展性好。

④ 定制化：支持网络管理员基于特定应用需求订制网络采集方案。

图 2-6 为网络遥测系统的数据结构关系。数字孪生网络的数据主要包括用户业务数据、网络配置及运行状态数据三大类数据，依据网络遥测系统的数据结构，各类数据源使用统一的数据建模语言 YANG，而数据流编码格式、数据流输出协议和传输承载协议根据不同的数据源按需择优选择。

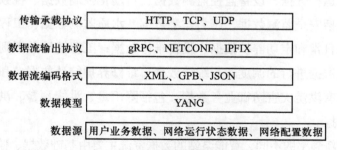

图2-6　网络遥测系统数据结构

第3章 南水北调智能泵站的数据汇聚架构

　　智能泵站通常担负着灌溉、排涝、航运补水、城市供水、发电等多方面任务，是一个综合性的系统，具有复杂的体系结构。借助计算机智能监控技术实现对泵站的监控，不但为泵站的经济、安全运行提供强有力的保障，还为泵站的集中管理与经济调度打下了基础。计算机智能监控技术中包括几个核心技术，即现地控制（主要是利用 PLC 实现对现场设备的自动控制）、通信技术及远方监测和控制。要实现远方监测和控制就必须建立泵站信息体系架构，对泵站数据资源进行管理和使用。

3.1　智能泵站数据资源的构成

　　根据泵站工程的业务分类，智能泵站的数据资源主要涉及工程基础数据、工程运行数据、工程监测数据、工程维护维修数据及工程统计数据。其中，工程基础数据包括各工程站点的设备构成、改造、附属、空间数据；工程运行数据包括日常运行数据、设备监控监测数据、自动化控制数据、视频数据；工程监测数据包括安全监测数据、压力监测数据、水质监测数据；工程维护维修数据包括设备日常和定期养护数据、设备维修数据；工程统计数据则是基于设备和业务采集数据进行的调度运行统计数据、维修养护统计数据。和泵站运行紧密相关的还有洪涝灾害防御业务数据，包括降雨量、洪峰预警、洪水预报、防汛预案等数据。

　　按照更新频率的不同，智能泵站的数据资源主要由基础数据、监测数据和业务数据构成。基础数据，主要包括泵站枢纽工程的基础数据，如枢纽的 BIM 数据、设计参数、空间数据；设备的基础信息，如类型、参数、技术指标、投运时间等；

监测站/感知设备参数、空间数据、测站沿革、站码、观测要素、采集频次等。监测数据主要包括水文气象、闸门开启及机组运行数据等。业务数据包括泵站水资源调度、防汛抗旱、设备巡检、泵站工程安全检测、内部管理等数据。

3.1.1 智能泵站基础数据资源

基础数据资源是智能泵站业务管理所需要的各类数据相对稳定、更新频率低的基础信息，围绕智能泵站工程所涉及的各类工程、建筑、设备、人员等基础信息，如水利监测站及工程、取水工程、供水工程等内容，工程基础信息数据库主要包括工程基本信息、工程升级改造信息、工程附属构筑物信息、工程图纸信息、地理空间信息等。

智能调水管理系统的业务可分为三大类：工程建设、工程运维、调水运行。基础业务属性库的内容主要是三大业务中共享数据的设计。基于这个设计思路，基础信息即为基础对象的信息，因此该数据库主要是设计基础对象的分类、内容、数据库结构等内容。

1. 工程设施基础数据

工程设施基础数据包括泵站的主要水工建筑和厂房结构的基本信息。

水工建筑和厂房结构包括进水渠、进水池、出水渠、出水池、主厂房、副厂房等。

包含工程级别、建筑物级别、结构形式、外形尺寸、功能参数等基本信息。

2. 设备基础数据

设备基础数据包括泵站的主要电气和机械设备的基本信息。

主要设备包括主机组、电气设备、闸门、辅机设备等。

主机组包括电机和水泵，其基础信息包括型号、设备类型、设备厂商、基本参数、设备数量等。

电气设备包括变压器、高压设备、低压设备等，其基本信息包括设备型号、容量等。

闸门基本信息包括设备的结构类型、外形尺寸、启闭机数量功率等参数。

辅机设备包括气系统、技术供水、排水、清污机等，其基础信息包括设备型号、类型、厂商和基本性能参数等。

3. 人员基础数据

人员基础数据包括泵站运行管理过程中涉及的各类人员基本信息，包括人员的姓名、年龄、性别、学历、职称，以及人员的部门、聘用类型、行业资质、行政职务、岗位、职责、业务权限等信息。

4. 工程项目基础数据

工程项目基础数据一般包括项目的名称、资金来源、起始时间、工程性质、项目类型、主管部门、承担单位等信息。

工程性质分为土木工程、机电 / 自动化工程、信息化工程、环境绿化工程等。

项目类型分为工程建设项目、运行维护项目、升级改造项目、技术科研项目等。

5. 地理空间基础数据

地理空间基础数据包括泵站的各类底图和专业图层数据。

6. 常见基础数据

常见基础数据见表 3-1~ 表 3-3。

表 3-1　工程与设施基础属性表

序号	种类	名称
1	泵站机组	泵站基本属性表
2		机闸、供配电基础信息表
3		绿化水环境基础信息表
4		安全监测基础信息表
5	枢纽工程	现地站基本属性表
6		调节池（库）基本属性表
7		调节池（库）防洪指标表
8		调节池（库）汛限指标表
9		调节池（库）容曲线表
10		橡胶坝基本属性表
11		堤防基本属性表

续表

序号	种类	名称
12	输水涵闸	涵洞基本属性表
13		倒虹吸基本属性表
14		退水口基本属性表
15		隧洞基本属性表
16		桥梁基本属性表
17		暗渠基本属性表
18		一般渠段基本属性表
19		特殊渠段基本属性表
20		水闸基本属性表
21		PCCP 管道基本属性表
22	河流湖泊	河流基本属性表
23		水库基本属性表
24		湖泊基本属性表
25		取水口基本属性表
26		分水口基本属性表
27	工程建筑	水工建筑物基本属性表
28		排空井基本属性表
29		连通井基本属性表
30		排气阀井基本属性表
31		通气井基本属性表
32		检查井基本属性表
33		调压塔基本属性表
34		渡槽基本属性表
35	监测站	水厂基本属性表
36		水文站基本属性表
37		水位站基本属性表
38		积水点基本属性表

表 3-2　监测设备基础信息表

序号	名称
1	传感器基础信息表
2	水位计基础信息表
3	流量计基础信息表
4	雨量计基础信息表
5	流速仪基础信息表
6	蒸发器基础信息表
7	水温测定仪基础信息表
8	pH 值测定仪基础信息表
9	氨氮测定仪基础信息表
10	特种设备基础信息表
11	自动化网络设备基础信息表
12	水质监测设备基础信息表

表 3-3　工程提升基础信息表

序号	名称
1	安全及经济优化调度模型基础信息表
2	清污机提升基础信息表
3	舌瓣闸提升基础信息表
4	技术供水改造基础信息表
5	机组变频改造基础信息表
6	气系统改造基础信息表
7	水源热泵改造基础信息表
8	节制闸改造基础信息表
9	叶调机构改造基础信息表
10	泵站自动化改造基础信息表

智能泵站涉及的各类空间数据资源包括矢量数据、影像数据和 DEM 数据。空间数据资源分类如表 3-4 所示。

表3-4 空间数据资源分类详情表

数据类型	信息资源	主要内容
矢量数据	基础矢量图	全国行政区、居民地、地形、水系、交通、地名等；市区 1∶2 000 和全市 1∶10 000、1∶50 000、1∶100 000、1∶250 000、1∶1000 000 等不同比例尺电子地图
	水务矢量图	河流、水库、湖泊、水闸、橡胶坝、湿地、堤防、入河排污口、自来水厂、污水处理厂、路面积水点、墒情监测站、调水工程、机井、雨量站、水文站、蓄滞洪区近 60 类水利专题地图
影像数据	基础影像信息	北京市 1 m 米分辨率的航空影像；全国 10 m 分辨率的 SPOT 影像；全国 30 m 分辨率的 TM 影像
	水务动态遥感信息	北京市 ET、页面缺水指数、气象遥感影像等动态信息
DEM 数据	DEM 数据	北京市 1∶10 000 数字高程模型（DEM）数据（覆盖全北京市域范围）

3.1.2 智能泵站监测数据资源

根据智能泵站工程类型的不同，监测数据资源包括水库调蓄工程运行数据资源、调节池工程运行数据资源，以及工程安全监测数据资源。

水库调蓄工程运行数据资源根据其包含的设备，如机闸设备、供配电设备等，主要分为运行监测数据、自动化控制数据、监控报警数据、统计数据等，如图 3-1 和表 3-5 所示。

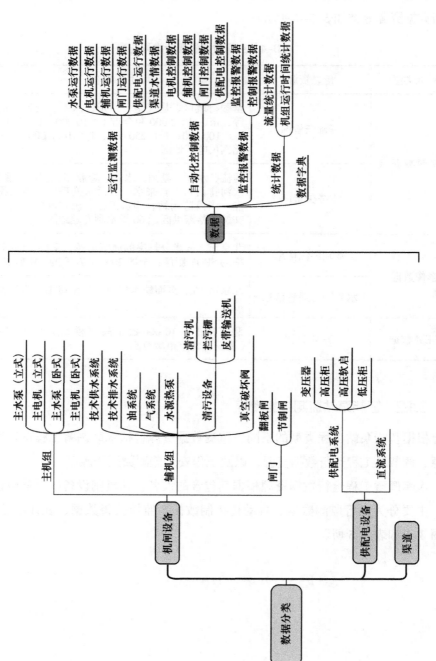

图3-1 水库调蓄工程运行数据资源分类

表3-5　水库调蓄工程运行数据资源信息表

序号	名称
1	主水泵振动、摆度信息表
2	主水泵推力轴温度信息表
3	主水泵上导瓦温度信息表
4	主水泵下导瓦温度信息表
5	主水泵叶片调节信息表
6	主水泵开机条件监控信息表
7	主水泵停机条件监控信息表
8	主电机运行电气参数监测信息表
9	断路器自动化控制信息表
10	软启自动化控制信息表
11	变频器配置自动化控制信息表
12	翻板闸远程控制信息表
13	节制闸自动化控制信息表
14	节制闸运行监测信息表
15	技术供水系统运行监测信息表
16	技术供水系统自动化控制信息表
17	技术排水系统自动化控制信息表
18	油系统自动化控制信息表
19	气系统运行监测信息表
20	水源热泵运行监测信息表
21	冷却水自动化控制信息表
22	加热器自动化控制信息表
23	靶斗式清污机自动化控制信息表
24	靶斗式清污机限位信息表
25	回转式清污机自动化控制信息表

续表

序号	名称
26	拦污栅运行监测信息表
27	皮带输送机自动化控制信息表
28	真空破坏阀自动化控制信息表
29	变压器电气运行监测信息表
30	变压器自动化控制信息表
31	渠道水位监测信息表
32	渠道流量监测信息表
33	渠道水质监测信息表
34	渠道水质设备运行监测信息表
35	设备运行统计信息表
36	机组流量统计信息表
37	电机运行报警信息表
38	设备监测数据报警信息表
39	变频器故障信息表
40	技术供水故障信息表
41	技术排水故障信息表
42	节制闸告警信息表
43	回转清污机告警信息表
44	抓斗清污机告警信息表
45	水质监测告警信息表
46	供配电参数信息表
47	供配电设备信息表

调节池工程运行数据资源根据其包含的设备（如进水口进水闸、明渠隔断闸、分水口闸门、投加间等）主要分为运行监测数据、自动化控制数据、监控报警数据、统计数据等，如图3-2和表3-6所示。

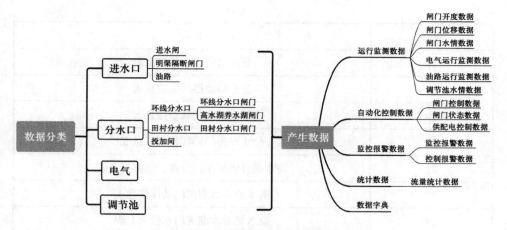

图3-2　调节池工程运行数据资源分类

表3-6　调节池工程运行数据资源信息表

序号	名称
1	进水闸门开度、位移信息表
2	进水闸门水位信息表
3	进水闸门动作信息表
4	进水闸门状态信息表
5	进水闸门油路系统信息表
6	进水闸门远程控制信息表
7	明渠隔断闸门高度、开度信息表
8	明渠隔断闸门位移信息表
9	明渠隔断闸门动作信息表
10	明渠隔断闸门状态信息表
11	明渠隔断闸左侧插销操作信息表
12	明渠隔断闸右侧插销操作信息表
13	明渠隔断闸油缸操作信息表
14	明渠隔断闸门远程控制信息表
15	分水口闸门开度、位移信息表
16	分水口闸门动作信息表

序号	名称
17	分水口闸门水位信息表
18	分水口油路系统信息表
19	分水口闸门状态信息表
20	分水口闸门远程控制信息表
21	高水湖养水湖闸门开度、位移信息表
22	高水湖养水湖闸门动作信息表
23	高水湖养水湖闸门水位信息表
24	高水湖养水湖闸门远程控制信息表
25	格栅机状态、控制信息表
26	投加间蠕动泵控制信息表
27	投加间蠕动泵瞬时流量信息表
28	投加间蠕动泵累计流量信息表
29	投加间罐液位信息表
30	投加间蠕动泵远程信息表
31	电机电压电流信息表
32	机组流量信息表
33	闸门告警信息表
34	明渠隔断闸门告警信息表
35	高水湖养水湖闸门告警信息表
36	投加间告警信息表
37	能源电气供配电参数信息表

　　工程安全监测数据资源包括在水库调蓄工程和调节池工程的主要建筑、辅助建筑、管线内外的内观仪器观测数据、外部变形点观测数据、基点复测数据、地下水位观测数据等，如表 3-7 所示。

表 3-7　工程安全监测数据资源信息表

序号	名称
1	渗压计点位信息表
2	测压管点位信息表
3	土压力计点位信息表
4	测缝计点位信息表
5	沉降位移测点信息表
6	水平位移测点信息表
7	基准点信息表
8	水质监测信息表

3.1.3　智能泵站业务数据资源

1. 调度业务数据

调度业务数据包括水量调度业务数据、机时管理业务数据、防汛业务数据。

水量调度业务数据包括调令的收发流程管理记录、水量统计等数据。

机时管理业务数据包括机组运行记录、机时统计、机时调度方案等数据。

防汛业务数据包括防汛预案、防汛值班管理、防汛物资管理等数据。

2. 运行业务数据

运行业务数据包括值班巡检业务数据、能耗管理业务数据。

值班巡检业务数据包括设备操作票管理、值班巡检记录、值班管理等数据。

能耗管理业务数据包括机组单耗统计数据、机组运行状态优化数据等。

3. 维护维修业务数据（见表3-8）

维护维修业务数据包括报修管理数据、备品配件管理数据、设备管理数据等。

报修管理数据包括报修人员、时间、故障位置、故障类型、维修人员、维修时间、维修阶段状态、维修结果等数据。

备品备件管理数据包括备件所属设备、供应商、库存、历年使用量等信息。

设备管理数据包括设备的故障和维修记录、设备的周期性维护计划和记录数据、设备持续的健康状态评估数据等。

表3-8　工程维护维修业务数据信息表

序号	名称
1	维护实施情况信息表
2	维护汇总信息表
3	报修信息表
4	维修信息表
5	检查信息表
6	自查信息表

4. 安全生产业务数据

安全生产业务数据包括危险作业管理、安全生产人员资质管理等数据。

危险作业管理包括危险作业的申请、执行、过程监管，以及记录备案数据。

安全生产人员资质管理包括人员资质的申报、备案、考核等数据。

3.1.4　智能泵站数据对象关系

对现有实体对象以及数据对象进行梳理，形成以下几种关系。

① 上下游关系：按照河道自然流向形成的关系。

② 前后序关系：泵站之间的前和后形成的关系。

③ 构（组）成关系：泵站的构成、附属物的构成等。

④ 监测关系：传感器监测某个实体对象形成的关系。

⑤ 产生数据关系：传感器监测对象产生数据。

以北京市南水北调团城湖管理处所辖泵站工程为例，调蓄工程和调节池工程的工程对象和数据对象关系分别如图3-3和图3-4所示。

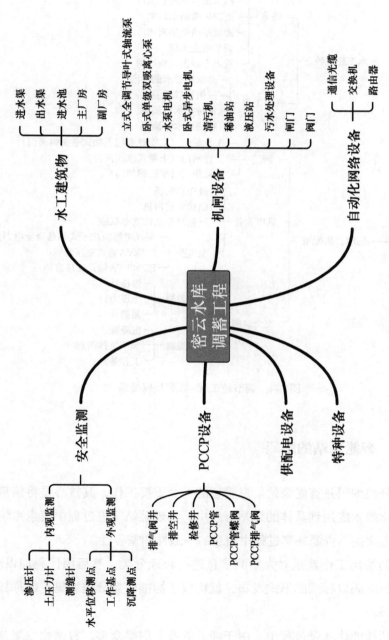

图3-3　密云水库调蓄工程-数据从属关系

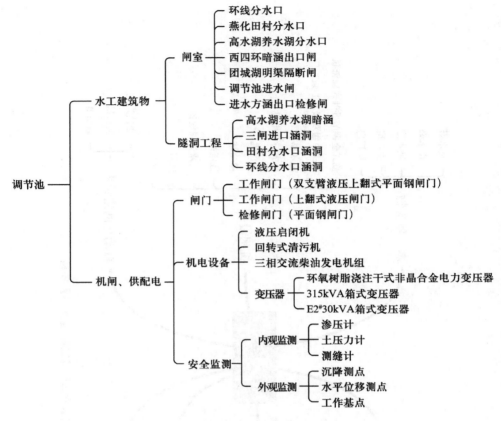

图3-4　调节池工程—数据从属关系

3.2　智能泵站的编码

信息分类编码是智能泵站信息管理的一个重要工作，其核心是将信息分类编码标准化技术应用到具体的泵站管理中，实现泵站管理过程中信息系统数据采集、数据交换与资源共享过程中信息的一致性和兼容性。

所谓的编码工作就是对大量的信息进行合理分类，然后用代码加以表示。将信息分类编码以标准的形式发布，就构成了标准信息分类编码，或称标准信息分类代码。

在泵站智能化建设过程中，由于涉及的业务门类众多，数据构成复杂，在利用信息化手段对众多的业务环节进行信息处理时，标准信息分类编码显得尤为重要。各类信息的编码工作，是泵站信息系统正常运转的前提。

我国从1979年起着手制定有关标准，到现在已经发布了几十个信息分类编码标准，基本做到了数据元与分类代码齐备，构筑了一个较为完整的代码体系。在泵站具体的业务过程中，在国家、行业、地方已有的编码体系基础上，针对泵站具体的业务需求，对现有编码进行细化，满足泵站智能化过程中的信息处理需求。

智能泵站信息编码包含基础信息编码、监测信息编码和业务信息编码等环节。

3.2.1　基础信息编码

基础信息编码对智能泵站体系中各类基础、稳定的信息进行分类。

1. 基础信息代码结构

基础信息代码由"信息大类 – 信息子类 – 信息要素"三级结构构成，代码格式为X–XXX–XXXXXX。

信息大类代码由1位字符构成，采用大写英文字母按照字母顺序进行编号。

信息子类编码由3位数字构成，取值范围为001~999，按照数字顺序编码。

小类码由6位数字构成，由3段两位的信息要素编码构成，各段按数字顺序取值01~99。

2. 信息大类别

智能泵站管理相关的各类信息按照信息对象的自然属性，分为工程项目、建筑、设备、人员等信息大类。

大类码由1位大写字母构成，取A~Z；信息大类表如表3-9所示。

表3-9　信息大类表

大类码	名称	备注
A	工程项目信息	工程项目的主要基础信息
B	建筑信息	建筑信息的主要基础信息
C	设备信息	设备信息的主要基础信息
D	人员信息	人员信息的主要基础信息
...	...	...

3. 信息子类

根据各信息大类下对象的业务管理需要，分为以下信息子类。

工程子类包括：建设项目、维护项目、科技项目、管理项目。

建筑子类包括：泵站主体工程建筑、泵站配套建筑。

设备子类包括：主机设备、电气设备、闸门设备、辅机设备。

人员子类包括：管理人员、外聘人员、外来访问人员。

各子类编码示例如表 3-10 ~ 表 3-13 所示。

表 3-10　工程子类信息分类

中类码	名称	备注
001	建设项目	关于工程类别的基础信息
002	维护项目	关于设备维护类项目的基础信息
003	科技项目	纵向、横向科技项目基础信息
004	管理项目	计划资金、社会投资等基础信息
…	…	…

表 3-11　建筑子类信息分类

中类码	名称	备注
001	主体建筑	安装主机组和辅助设备的建筑物的基础信息
002	配套建筑	进水建筑、出水建筑等基础信息
…	…	…

表 3-12　设备子类信息分类

中类码	名称	备注
001	主机设备	用于表示水利枢纽发电机组
002	电气设备	用于表示发电设备
003	闸门设备	用于表示水库所属闸门
004	辅机设备	用于表示辅机设备
…	…	…

表3-13 人员子类信息分类

中类码	名称	备注
001	管理人员	用于表示项目管理人员信息
002	外聘人员	用于表示外聘人员信息
003	外来访问人员	用于表示外来访问人员信息
...	...	...

4. 信息要素

对用于区分信息对象的各类标志性的要素信息进行分类编码，如工程项目大类 – 建设项目子类下，信息要素包括工程类别（土木工程、自动化工程、绿化工程）、资金来源（计划资金、社会投资）等。如信息子类仅含两项信息要素，则信息要素编码最后两位取 00。

表 3-14 和表 3-15 以工程项目大类 – 建设项目子类为例，对其信息要素进行编码。

表3-14 工程类别信息分类

小类码	名称	备注
01	土木工程	各类房屋、水工建筑的新建、改扩建
02	自动化工程	电气仪表、传感器监测、自动控制工程
03	绿化工程	工程项目中包括的绿化工程项目信息
...	...	...

表3-15 资金来源类别信息分类

小类码	名称	备注
01	计划资金	由政府财政预算拨付的资金
02	社会自筹	社会自筹资金
03	其他类型	PPP（政府和社会资本合作）等其他模式资金来源
...	...	...

3.2.2 监测信息编码

1. 监测信息代码结构

监测信息代码用于标识监测数据的类别、位置信息，可采用四级结构：监测类别 – 监测类型 – 监测位置 – 监测对象，代码格式为：X–X–XXX–XXXX。

监测类别代码由 1 位字符构成，采用大写英文字母按照字母顺序进行编号。

监测类型代码由 1 位数字构成，取值范围为 0~9，按照数字顺序编码。

监测位置代码由 3 位数字构成，取值范围为 001~999，按照数字顺序编码。

监测对象代码由 4 位数字构成，每段取值 0001~9999。

2. 监测类别

监测类别包括工程监测、设备状态监测、安全管理监测，其分类如表 3-16 所示。

表 3-16　监测类别信息分类

大类码	名称	备注
A	工程监测	关于工程监测基础信息
B	设备状态监测	关于设备状态监测基础信息
C	安全管理监测	关于项目安全管理监测基础信息

3. 监测类型

监测类型分为实时监测、事件监测，如表 3-17 所示。

表 3-17　监测类型信息分类

中类码	名称	备注
001	实时监测	动态变化的传感器参数信息
002	事件监测	设备操作事件和告警事件类信息

4. 监测位置

监测位置编码用于明确监测数据所属的设备，如表 3-18 所示。

表 3–18 监测位置信息分类

中类码	名称	备注
001	主电机	主电机的温度、振动
002	主水泵	主水泵的温度、振动
003	电气系统	供配电环节的电压、电流、功率、温度
004	清污机	位置动作、控制状态
005	高压气系统	气系统的压力、控制状态
006	抽真空系统	系统的压力、控制状态
007	技术供水系统	系统的压力、温度、控制状态
008	排水系统	系统的水位、控制状态
009	闸门设备	系统的压力、控制状态
010	前后池	水位、流量
…	…	…

5. 监测对象

监测对象编码用于区分监测数据的具体项目，主电机和主水泵监测项目信息分类如表 3–19 和表 3–20 所示。

表 3–19 主电机监测项目信息分类

小类码	名称
0001	泵的运行状态
0002	控制开关的状态
0003	电源的供电状态
0004	供水管道压力状态
0005	无线数据传输监测
0006	自动报警提示监测
…	…

表 3–20 主水泵监测项目信息分类

小类码	名称
0001	巡查信息

续表

小类码	名称
0002	变形监测
0003	渗流渗压
0004	应力应变
…	…

3.2.3 业务信息编码

在智能泵站管理过程中，为便于对各类管理业务的具体全流程进行全局管理，使各类业务之间的信息流和业务流顺畅兼容，对各类业务和业务的具体流程进行统一编码。

1. 业务信息代码结构

业务信息代码可采用"业务类别 – 业务子类 – 业务流程"三级结构，代码格式为 X–XXX–XXXX。

业务类别代码由 1 位字符构成，采用大写英文字母并按照字母顺序进行编号。

业务子类编码由 3 位数字构成，取值范围为 001~999，按照数字顺序编码。

业务流程编码由 4 位数字构成，按数字顺序取值 0001~9999。

2. 业务类别

智能泵站业务体系可分为调度、运行、维修、安全四个大类，如表 3–21 所示。

表 3–21 智能泵站业务体系分类

大类码	名称	备注
A	调度	水量调度、机时管理、防汛管理业务
B	运行	启停机、电气操作、日常巡检业务
C	维修	报修管理、日常维护、定期检修业务
D	安全	安全生产管理、园区管理业务

3. 业务子类

调度业务可分为水量调度、防汛调度、机时管理。

运行业务可分为启停机、电气操作、日常巡检。

维修业务可分为报修管理、日常维护、定期维修。

安全管理业务可分为园区管理、安全生产管理。

各类业务的信息分类如表 3-22~ 表 3-25 所示。

表3-22 调度业务信息分类

业务子类编码	名称
001	水量调度
002	防汛调度
003	时机管理
...	...

表3-23 运行业务信息分类

业务子类编码	名称
001	启停机
002	电气操作
003	日常巡检
...	...

表3-24 维修业务信息分类

业务子类编码	名称
001	报修管理
002	日常维护
003	定期维修
...	...

表3-25 安全管理业务信息分类

业务子类编码	名称
001	园区管理
002	安全生产管理
...	...

4. 业务流程

业务流程编码用于区分各类业务具体的工作过程。以水量调度业务为例，业务流程如表 3-26 所示。

表 3-26　水量调度业务流程信息分类

业务流程编码	名称
0001	调度运行数据收集
0002	调度运行数据报送
0003	调度运行数据存档
0004	调令接收
0005	调令执行
0006	调令反馈
0007	防汛预警信息接收
0008	防汛响应人员确认
0009	防汛响应措施确认
…	…

3.3　智能泵站的数据汇聚与交换

智能泵站数据的汇聚与交换，需要根据泵站的业务现状，设计数据汇聚的基本框架，并结合现有技术手段设计实施方案。

3.3.1　智能泵站数据汇聚现状及问题

水库调蓄工程的各级泵站由于业务要求和信息化系统建设的历史积累原因，一般会存在多个应用系统，如水库调蓄工程控制系统、水库调蓄工程电气系统、水库调蓄工程安全系统、调节池工程控制系统、调节池工程安全系统、梯级调度系统、管道压力检测系统、办公自动化系统和水利巡检应用系统等，这些应用系统往往分别部署在不同的网域，如工控网、业务内网、业务外网，其中工控网和业务网之间通常设置了网闸进行物理安全隔离，业务内外网之间则设置了防火墙进行网络边界检查。

现有的业务系统虽然可以高效地梳理各部门业务功能、统计业务数据，但是各个工程运行相互独立，静态方面数据没有统一存储，动态方面跨系统交换没有数据通路。具体体现在：一是数据不统一，分别由不同信息系统采集，且系统建设时期不同、厂家不同，只服务于所属业务部门，用户在应用层看到的都是部分切片数据；二是接口不统一，数据采集标准不一，统计口径各异；三是数据链路未打通，各个信息系统相互孤立，数据不能交叉使用，大多只能通过导出 Excel 等文件，再导入其他业务系统，没有实现系统间互联互通；四是业务链路未打通，不同业务部门协同困难，各个信息系统之间不支持业务自动流动，影响业务拓展。

因此，数据汇聚是数据中心建设的重要内容，在技术上则需要解决以下几个问题。

需要汇聚哪些数据？

数据的颗粒度如何？

如何实施数据交换和数据汇聚？

3.3.2　智能泵站数据汇聚的原则和要求

数据是企业的核心资源，应用系统的成功实施建立在完善的基础数据之上。智能泵站的数据汇聚与交换系统的主要功能是通过数据中心实现各现地站、各业务单位的数据交换，主要包括基于数据库复制（用于节点间的数据同步）的数据同步和基于消息机制的数据推送。大数据量也可在交换体系的管理下实现脱机的介质交换。

通过建设智能泵站数据中心、构建中心库，实现各个工程、各个业务系统全量数据的统一存储，构建互联网 – 业务外网、业务外网 – 业务内网、业务内网 – 工控网这三大"数据桥梁"，打通各个业务系统之间的数据通道。通过数据汇聚过程，最终达到"数据通、接口通、链路通、流程通"的目标。

数据交换系统的基本技术要求是：保障数据传输的安全性、完整性与可靠性；易于部署、便于个性化配置；支持多种数据格式；容易与安全产品集成配套使用；跨平台、兼容性强。数据交换系统应能根据系统负荷的变化动态增减服务进程的个数，调整同类服务以分担客户端请求。

为满足以上数据交换系统的基本技术要求，数据汇聚应遵循以下原则。

①多源异构：提供广泛的数据接口，支持对各类主流数据库（Oracle、

DB2、SQL Server、MySQL、PostgreSQL、Informix 等）、外部文件（TXT、XML、Excel）进行读写访问，从而支持结构化数据、半结构化数据、非结构化数据等多种数据组织形式的汇聚。

②海量实时：提供离线汇聚和实时汇聚，支持全量覆盖、差异更新、增量抽取等数据同步模式，既支持时效性要求不高的大批量数据周期性迁移的应用场景，也支持面向低时延的增量传送应用场景。

③高质安全：提供数据质量和安全检测，支持去除冗余、消除歧义、异常处理、脏数据清洗等，保证汇聚数据的完整性、一致性、时效性。

3.3.3 智能泵站数据汇聚交换框架设计

根据上述数据汇聚的目标和原则，需要实现数据的物理汇聚和集中存储，拟采用"前置交换，集中汇聚"的设计思路。需要汇聚的数据源主要包括工程基础数据、工程运行数据、工程维护维修数据、工程监测数据。其中工程基础数据包括各工程站点的设备构成、改造、附属、空间数据；工程运行数据包括日常运行数据、视频数据；工程维护维修数据包括水工建筑和机电设备的周期性维护数据和故障维修数据；工程监测数据包括安全监测数据、压力监测数据、水质监测数据。其中来自各个工程的运行和监测数据是主要汇聚来源，为了满足各现地站实时业务要求、减轻网络传输链路负载，在同一网段内（调度中心）设置前置集中库，如图 3-5 所示。首先，来自各个现地站的实时业务数据交换至集中库，然后，集中库的数据连同位于其他网段的关系库、电子文档、视频文件等再集中汇聚至中心库。

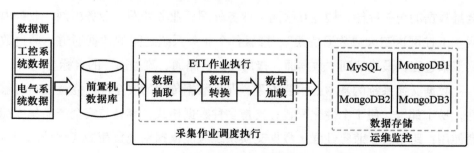

图3-5 工程系统实时数据处理流程

前置交换：位于各个水库调蓄工程、调节池工程中的、位置分散的现地站，通过和各个现地站同一网络——工控内网中设置前置机集中库，用于从各个现地站工业控制系统、电气系统接受批量数据，并且保持同步更新，满足智能泵站实时监控和实时业务需求。设置前置集中库可以有三个方面的提升：首先，有力推进原有系统全面数字化升级改造，支持数据自动采集、实时传输，填补各个工程之间的数字化差异；其次，在不同的工程系统建立统一规范的交换数据环境，对上层的中心库屏蔽了底层工程数据存储的差异，减轻了接口设计、数据转换的负担；最后，便于以工程为单位集成各个地理分散的现地站数据，提炼不同工程、不同现地站数据之间的关联，为泵站运行核心业务服务。

集中汇聚：位于工控内网的各个工程集中数据、位于业务网的其他应用系统数据，如梯级调度、OA、工程安全检测，均通过数据集成工具汇聚到中心库，在中心库进行全量数据存储。中心库采用数据仓库模式，按照业务逻辑形成包括多类数据的基础库、主题库，实现各应用系统之间的数据共享和相互操作，支持基于集成数据的全局应用建设，并为后期多维数据分析挖掘打好数据底座基础。此外，为辅助业务管理和领导决策，面向智慧泵站调度、运行、防汛、维修四大业务需求建设"4+N"数据集市。

数据汇聚交换可采用基于 ODS（操作型数据仓储）的 DB（数据库）–ODS–DW（数据仓库）三层体系结构，如图 3-6 所示。ODS 是用于支持企业业务运行的数据集合，ODS 数据一般具备以下特点：面向主题、集成的、可变的、数据是当前或是接近当前的。以南水北调智能泵站工程为例，为满足密云水库调蓄、调节池、东水西调三大工程的 13 个现地站的分散数据管理需求，设置 ODS 可以快速实现核心业务数据的全局集中管理，克服原来各个工程存在"数据孤岛"的缺点。

来自各个现地站工控系统和电气系统的实时数据，被装载入与操作环境相应的数据库，用以快速响应各种 OLTP（联机事务处理）事务，通常集中库可以容纳大约 30 天内的大量的实时性数据。从现地站数据源向 ODS 进行数据推送过程中，需要进行初步集成和融合，设计优先级算法来去除各不同数据源之间的不一致，而更高层的、面向决策分析的汇聚和融合，需在数据仓库、数据集市层面上进行。因此，通过 DB–ODS–DW 三层体系架构设计，ODS 使原有的操作型环境和分析型环境完全地隔离开，对决策支持所需数据与业务操作所需数据也进行了分割，使得全局的 OLTP、即时的 OLAP（联机分析处理）成为技术上的可能，同时也方便了中心库 DW 的数据追加，简化了实时数据传输接口，使得中心库卸去了部分数据集成、结构转换的负担。

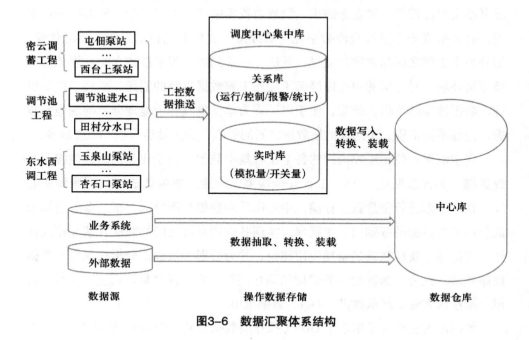

图3-6　数据汇聚体系结构

3.3.4　智能泵站数据汇聚的技术实施

根据智能泵站的网络结构和系统框架，一般采用以中心数据仓库为核心的集中汇聚，数据仓库的数据处理方式一般采用的是周期轮询和定时作业，即ETL（抽取、转换、装载方法）将数据装载至数据存储层或者基础数据层；定时作业将数据抽取、汇聚至数据仓库层；根据业务需求从数据仓库层汇聚至数据集市层。为保证汇聚质量，数据交换系统应支持以下三种基本功能：能够支持同构和异构数据库间的数据同步；能够支持结构化和非结构化的数据传递；能够支持与其他应用系统间的数据交换。

步骤1：中心库选型（见表3-27）。

表3-27　MySQL 5.7 vs MongoDB 4.0

分类	条目	耗时 /s
数据写入速度	mongodb（w0）分组插入 2 万条记录	1.798 202
	mongodb（w1）分组插入 2 万条记录	2.229 613
	mongodb（w：majority）分组插入 2 万条记录	3.371 800

续表

分类	条目	耗时/s
数据写入速度	mongodb（w1，j1）分组插入 2 万条记录	3.332 055
	mongodb（w: majority，j1）分组插入 2 万条记录	3.594 414
	mysql 分组插入 2 万条记录	33.024 626
数据查询速度	mongodb 1 万次查询记录	17.885 440
	mysql 1 万次查询记录	86.453 012
事务操作速度	mongodb 1 000 次事务操作	5.914 220
	mysql 1 000 次事务操作	42.471 786

注：MySQL 使用的连接库是 sqlalchemy，MongoDB 使用的连接库是 pymongo。

通过以上测试可知，MongoDB 的数据写入速度大概是 MySQL 的 10 倍，数据查询速度大概是 MySQL 的 5 倍，事务操作速度大概是 MySQL 的 7 倍，在关键性能指标上均优于关系数据库 MySQL，可以作为汇聚数据存储数据库的选择。

步骤 2：

工控内网到中心库的汇聚通路为：工控点位数据——前置集中库——网闸——中心库。

各现地站的点位数据分别由各自工控系统推送到前置集中库，集中库汇聚到中心库主要是通过 ETL 工具将各个工程关系型数据库中的数据抽取与汇集，其中包含的数据为所有现地站的工控数据和电气数据。由工控内网前置集中库到业务内网中心库的数据通路是根据网闸策略单向通过，到达业务内网的中心库。

工控数据汇聚流程：

（1）对工控数据进行筛选，选取有明确业务含义的点位数据进行汇聚；在工程中心的集中库，建立所有现地站所需汇聚点位的全量数据库，按工控点位顺序、定期推送（1 次 /5min）存储各点位实时数据。

（2）历史数据一次性读取推入集中库。

（3）借助 ETL 工具，对前置集中库中的数据进行抽取、转换、传送和装载，按照实时监测数据（按固定频率采样）和事件触发型数据（状态改变时产生记录）分别进行处理。

（4）建立按业务逻辑组织的数据报表，建立泵站运行数据编码体系，确保多站点、多机组产生的泵站运行数据在汇聚集成过程中的兼容性和一致性。

（5）在中心库，将抽取的全量数据，根据泵站运行数据编码体系进行编码转换，并将转换后的数据加载存入数据报表。

步骤3：

业务内网到中心库的汇聚通路为：业务系统数据库——中心库。

各个业务系统因同属于业务内网，所以通过任务配置、设置转存节点的方式将数据汇聚到中心库。

业务内网数据汇聚流程：

梯级调度系统汇聚数据表包括：水量数据表、通水工作运行日报表、冰情日报表、泵站上报数据、调节池上报数据、泵站日报表、调度运行日志、调令下达记录。

上述数据中，对全量历史数据一次性抽取存入中心库。

对后续人工填报的水量数据、冰情数据、运行日志数据，以增量方式按固定频率，推送入中心库。

步骤4：

业务外网到中心库的汇聚通路为：业务系统数据库——防火墙——中心库。

因业务外网与业务内网之间存在防火墙，需要配置防火墙安全策略来实现数据交换，并在业务内网中设置特定IP地址的转存节点将数据汇聚到中心库。

步骤5：

政务外网到中心库的汇聚通路为：北京市大数据管理局数据——数据交换前置节点——防火墙——中心库。

从政务外网到业务内网中心库的数据汇聚需要借助北京市大数据管理局的数据共享平台完成。通过在业务外网布置数据交换前置节点主机，使政务外网特定网段的服务器建立与北京市大数据的数据通路，再将数据交换前置节点主机的数据汇聚到业务外网的转存节点。

3.4 智能泵站的数据安全

智能泵站建设过程中，应充分考虑数据安全问题，对数据的安全风险进行分析，制定合理的信息安全分区，建设完备的数据安全能力，制定合理的数据质量检查体系，完善泵站的安全技术防护。

3.4.1 智能泵站的信息安全风险

随着大数据技术的快速应用，传统的、互相隔离的水务行业工控系统逐步向互联、智能方向发展，面对越来越复杂的网络安全环境和日益增加的网络安全威胁，如何在大数据时代保护好水务工业控制系统安全，已经成为政府机构、企事业单位所关注的重点。智能泵站作为水务行业的重要工程之一，也同样存在网络、数据等信息安全风险。

智能泵站一般是指主泵所配电机为同步电动机、站变合一的泵站。这样的控制系统的数据库管理系统就要求能对站用变电所、主机机组、泵站辅助设备、配套的水工建筑物的各种电量、非电量的运行数据及水情数据进行巡回检测采集和记录，并且根据这些参数的给定限值进行监督、报警、记录等。工程中可以把整个泵站采集的运行数据分为以下五类：电力运行数据、水工运行数据、主设备运行数据、抽水排水数据和设备状态数据。在正常运行的情况下，这部分运行数据实时显示在相应界面上，隔较长一段时间（如一个小时）存储一次，在发生异常的情况下，就需要启动"事故追忆数据库"管理的功能，即记录异常情况发生前后的相关数据，以方便运行人员分析事故发生的原因。对于重要的参数要对其作出趋势曲线，以方便运行人员掌握其变化动态。

智能泵站工控系统除面临操作系统、数据库、中间件等常见漏洞外，还普遍存在 PLC 安全漏洞，主要有 DOS、远程执行、用户权限提升、信息泄露等，这些漏洞都可造成运行中断、非法操作、信息泄露等后果。同时，SCADA（数据采集与监控系统）由于采用明文通信和防护薄弱等原因，在远程通信等环节也存在诸多安全问题，如 MODBUS / TCP 身份认证缺失、OPC（超速保护控制）远程过程调用时动态端口防护困难等。

此外，智能泵站监控系统也存在多种网络风险：一是黑客入侵风险，水泵站工控系统存在与其他网络互联需求，因此需开放业务端口与互联网贯通，存在被不法分子入侵的风险；二是病毒传播风险，跨网互联存在病毒传播到企业工控系统中的风险，导致重泵机无法正常工作，甚至造成安全事故；三是在泵站运维过程中，为了降低运维成本或处置紧急故障，存在让外部厂商技术人员对水务行业工控系统进行远程操作的情况，此类场景下需要通过开启互联网通道接入，如没有远程运维操作的监管和安全审计，则存在极大的安全隐患，移动设备管理也是普遍问题，大量单位在物理防护不严格的环境中，移动存储介质滥用、移动网络设备形成非法网络外接等情况，都给生产网络及设备带来了极大的安全隐患；四是数据篡改及泄露风险，水泵站经其他网络传输数据时，存在数据篡改和数据泄露风险，因此泵站网络系统也有数据安全建设的需求。

3.4.2　智能泵站的信息安全分区

　　根据智能泵站包含工控网和业务网的架构特点，信息安全可采用分区管理，如划分为监测控制大区和信息管理大区，随着互联网、移动办公的兴起，一些外网的系统也要发送数据给水务内网，又做了互联网大区，作为内网和外网交互的中间区域。监测控制大区分为控制区（安全区Ⅰ）和非控制区（安全区Ⅱ）。安全区Ⅰ为实时控制区，凡是具有实时监控功能的系统或其中的监控功能部分均应属于安全区Ⅰ，典型系统包括机组调度系统、泵站自动化系统、继电保护、安全防护系统等。安全区Ⅱ为非控制生产区，原则上不具备控制功能的生产业务系统属于该区，典型系统包括水库调度自动化系统、能源计量系统、继保及故障信息管理系统等。信息管理大区分为生产管理区（安全区Ⅲ）和管理信息区（安全区Ⅳ）。安全区Ⅲ为生产管理区，该区的系统为进行生产管理的系统，典型系统包括调度生产管理系统、汛情监测系统、统计报表系统等。安全区Ⅳ为管理信息区，该区的系统为管理信息系统及办公自动化系统，典型系统包括MIS（管理信息系统）、OA（办公自动化系统）、客户服务系统等。不同安全区确定不同安全防护要求，其中安全区Ⅰ安全等级最高，安全区Ⅱ次之，其余依次类推。

　　调度数据网划分为逻辑隔离的实时子网和非实时子网，分别连接控制区和非控制区。不同安全区域的终端、系统只允许在对应的区内使用，专网专用，不得一机双网使用，不允许双网卡，不允许连接过下级网络的设备接入上级网络，即实现不同区的终端互相不可以"直接"访问的横向隔离。隔离是为了安全防护，加强数据传输控制。隔离可以用在安全区之间，或者相同安全区的不同安全等级之间。原则上隔离最好是物理网络彻底断开，但区之间总有业务交互，通常采用"低安全区不可主动访问高安全区，高安全区向低安全区域推送数据"的释放。这时候的隔离可以进行数据单向、错时传输控制。

隔离的本质是数据访问与传输过滤，包括主机隔离、端口隔离、数据库隔离、文件隔离、服务隔离等。物理隔离装置即俗称的"网闸"。安全隔离网闸是一种由带有多种控制功能的专用硬件在电路上切断网络之间的链路层连接，并能够在网络间进行安全适度的应用数据交换的网络安全设备，泵站信息安全区域及联络图如图 3-7 所示。

内网大区和互联网大区的信息安全网络隔离装置一般具有以下功能。

① 只允许互联网大区主动请求内网。

② 只允许指定方式连接内网大区系统，如 JDBC 连接。

③ 只允许指定数据内容交互，如限制为 oracle dml sql 通过。

④ 通常带有数据边路审计功能。

其他区域包括 III 及 IV 区内的纵向连接、互联网大区和外网（真互联网大区）之间的连接，一般采用防火墙加固。防火墙一般在进行 IP 包转发的同时，通过对 IP 包的处理，实现对 TCP 会话的控制，但是对应用数据的内容不进行检查。这种工作方式无法防止泄密，也无法防止病毒和黑客程序的攻击。因为这些区域之间的数据通信类型多种多样，难以监控，可以在一些关键节点上加装数据审计之类的装置。

3.4.3　智能泵站的数据安全能力

在推进智能泵站的建设过程中，数据安全建设可依据《信息安全技术　数据安全能力成熟度模型》（GB/T 37988—2019）开展，可以结合数据安全现状，以数据为核心，围绕数据生命周期，全方位提供数据安全能力建设。DSMM（Data Security Capability Maturity Model，数据安全能力成熟度模型）分为非正式执行级、计划跟踪级、充分定义级、量化控制级、持续优化级五个级别。智能泵站运行数据一般作为内部数据在水务部门内部、业务关联部门共享和使用，相关方授权后也可向水务部门外部共享，也有部分敏感级数据，仅能由授权的内部机构或人员访问，若需将数据共享到外部，则需满足相关条件并获得相关方的授权，因此数据安全能力成熟度模型一般要求在 2~3 级。根据智能泵站数据生存周期，泵站数据安全涉及数据采集安全、数据传输安全、数据存储安

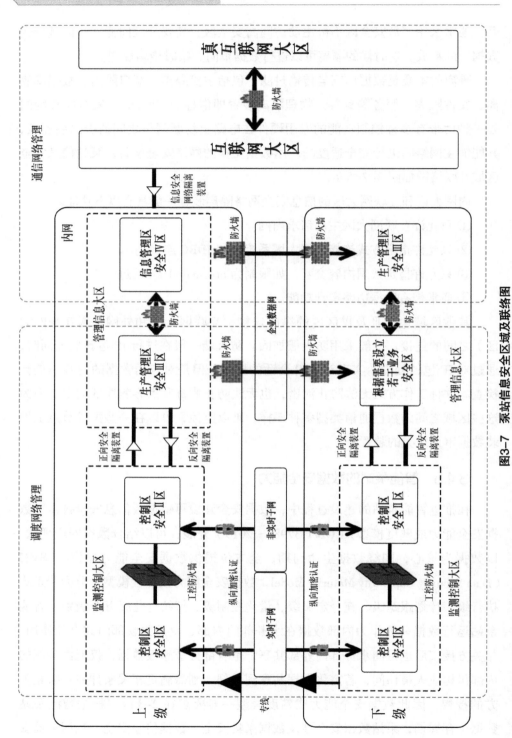

图3-7 泵站信息安全区域及联络图

全、数据处理安全和数据交换安全。

1. 数据采集安全

数据采集安全是数据安全生命周期的第一个过程，是对数据来源安全的管理。应基于泵站业务需求，确定核心业务中关键数据的分类分级方法，并针对不同类别级别的数据建立相应的访问控制、数据加解密、数据脱敏等安全管理和控制措施。在技术层面需要建立数据分类分级打标或数据资产管理平台，实现对数据的分类分级自动标识、标识结果发布、审核等功能。数据采集安全管理需明确采集数据的目的和用途，确保数据源的真实性、有效性和最少够用等原则要求，并规范数据采集的渠道、数据的格式以及相关的流程和方式，从而保证数据采集的合规性、正当性和执行上的一致性。

2. 数据传输安全

根据泵站内外的数据传输要求，明确核心业务中需要加密传输的数据范围、加密算法、数据传输安全要求，如传输通道加密、数据内容加密、签名验签、身份鉴别、数据传输接口安全等，采用适当的加密保护措施，如对传输数据的完整性进行检测、应用数据容错或恢复的技术，保证传输通道、传输节点和传输数据的安全，并防止传输过程中的数据泄露。

3. 数据存储安全

根据业务部门对数据存储媒体访问和使用的场景，提供有效技术和管理手段，防止对终端设备、网络存储等的不当使用而引发的数据泄露风险。建立存储媒体资产标识，明确存储媒体的存储数据，使用技术工具对存储媒体性能进行监控，包括使用历史、性能指标、错误和损坏情况，并对超过安全阈值的存储媒体进行预警。

4. 数据处理安全

应根据业务需求给出核心业务敏感数据的脱敏需求和规则，对敏感数据进行脱敏处理，提供面向不同数据类型的脱敏方案，保证数据可用性和安全性的平衡。在数据分析过程中应采取适当安全控制措施，明确个人信息保护、数据获取方式、访问接口、授权机制等，构建数据仓库、建模、分析、挖掘、展现等方面的安全要求，应对在数据挖掘、分析过程中产生的有价值信息和个人隐私泄露的安全风险。

5. 数据交换安全

根据业务系统和合作伙伴的合作方式，提供交换共享数据的安全风险管控，明确数据共享内容范围、数据共享管控措施、涉及相关部门职责和权限，并对发布数据的格式、适用范围、发布者和使用者的权利和义务进行必要的控制，保证数据合规。建立对外数据接口的安全管理机制，防范数据在接口调用过程中的安全风险。

3.4.4 数据质量检查体系的构建

建立统一的数据质量稽核体系，对数据完整性、一致性、准确性进行检查。结合纵向数据级联、横向数据共享、主数据质量管理等，采用抽取、主动采集、直接访问等方式，对检查接口进行数据冗余分析、数据残缺及完整性验证等，全面提升数据质量，如图 3-8 所示。

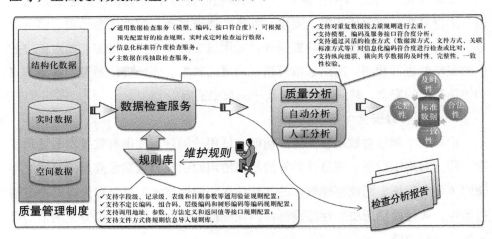

图3-8 数据质量检查

数据质量检查范围包括完整性、一致性、准确性等。

1. 完整性

完整性是指数据信息是否存在缺失的情况，数据缺失可能是整个数据记录缺失，也可能是数据中某个字段信息的记录缺失。不完整的数据价值会大大降低，也是数据质量最为基础的一项评估标准。

2. 一致性

一致性是指数据是否遵循了统一的规范，数据集合是否保持了统一的格式。数据质量的一致性主要体现在数据记录的规范性和数据的逻辑性。

3. 准确性

准确性是指数据记录的信息是否存在异常或错误。和一致性不一样，存在准确性问题的数据不仅仅只是规则上的不一致。最为常见的数据准确性错误就是乱码。其次，异常的大或者小的数据也是不符合条件的数据。数据质量的准确性可能存在于个别记录，也可能存在于整个数据集，如数量级记录错误。

在数据整理过程中，根据规范对数据的完整性、一致性、准确性等质量标准进行全面检查，随时更正；当出现不能实时更改的问题时，记录问题的相应位置，把问题汇总解决。当问题解决后，需要对该问题进行登记说明，主要包括问题描述、问题负责人、问题解决方法、问题解决人、日期等信息。以供实时质量问题跟踪，达到全程数据质量监控，确保数据质量安全。具体实施的数据安全的管理措施可包括以下几个方面。

（1）明确数据责任

各部门负责本部门接入数据资源体系数据的安全管理工作，落实数据资源体系保密管理责任。

对数据使用部门的权限进行分级管理，明确使用部门的可视范围和操作权限，保证数据使用的合法合规。

（2）制定操作规程

定期开展数据安全检查，定期对数据资源体系进行安全检测，出具评估报告。

制定安全保密管理制度、应急预案，确保发生数据安全事件时，能够采取及时、规范、有效的处理措施。

（3）建立数据溯源机制

建立数据溯源体系，确保一数一源，保证数据的一致性、权威性。

（4）加强数据操作备案

完善数据操作和应用日志，数据操作记录长期保存，保存证据，保障数据资源体系操作的可溯源、可追责。

（5）实施入库数据校核

历史数据进入数据中心综合数据库后，需要对入库的数据进行校核。历史数据在入库时进行了数据加工和检查，入库后还需对历史数据的入库位置进行检查，保证每类数据都准确导入数据库中；对数据的准确性、完整性、编码的一致性等进行审查，以保证入库数据的权威性。

3.4.5 智能泵站的安全技术防护

根据等级保护三级要求，结合水务领域的特殊情况，智能泵站的安全技术防护措施如表3-28所示。

表3-28 智能泵站的安全技术防护措施表

类别	物理环境	通信网络	网络边界	计算环境	管理中心
现地站	箱体封装、箱体透风、散热、防盗、防雨、防火控制	环网沉余、禁用无线、严格管控远程操作、网络流量审计	白名单策略的边界访问	强化身份鉴别、访问控制、安全审计	安全设备集中管理；运维审计
运营中心	电子门禁、精密空调、视频监控	星型网络、接入设备绑定、入侵检测	访问控制、防病毒网关、入侵防护、APT等	防病毒（EDR）操作系统安全设置强化	安全设备集中管控；专用日志审计
主管部门	电子门禁、精密空调、视频监控	星型网络、接入设备绑定、入侵检测	访问控制、防病毒网关、入侵防护、APT等	防病毒（EDR）操作系统安全设置强化	安全设备集中管控；专用日志审计、态势感知

现地站：其环境在水务系统中差异较大，大量有人站和无人站，在建设之初多数未考虑机房环境要求，如果根据等级保护三级要求，配置精密空调等措施，在经费上不能都满足，因此可以采用等级保护工业控制系统安全扩展要求中的野外系统要求。

运营中心：网络边界采用下一代防火墙，集成防病毒网关、入侵检测、SSL VPN等，也可采用等级保护一体机等网络安全虚拟化设备，甚至直接在私有云上采用超融合架构，将所有安全设备用虚拟网元实现。

主管部门：物理安防可落实在门卫的登记和核查上，也可以采用电子门禁或人脸识别系统。其网络边界纳入机房网络，由机房网络的下一代防火墙统一管理，在数据中心部署集中管控平台和态势感知平台。

第 4 章　南水北调调度业务智慧化

4.1　智能泵站优化调度的算法

PSO（Partical Swarm Optimization，粒子群优化）算法是近年发展起来的一种新 EA（Evolutionary Algorithm，进化算法）。PSO 算法和遗传算法相似，都是从随机解出发，通过迭代寻找最优解，并通过适应度评价解的品质。但是，PSO 算法规则比遗传算法规则更为简单，它没有遗传算法的"交叉"（Crossover）和"变异"（Mutation）操作，而是通过追随当前搜索到的最优值来寻找全局最优解。

PSO 中，每个优化问题的潜在解都是搜索空间中的一只鸟，称之为粒子。所有的粒子都有一个由被优化函数决定的适值（fitness value），每个粒子都有一个速度决定它们"飞行"的方向和距离。然后粒子们就追随当前的最优粒子在解空间中搜索。PSO 初始化为一群随机粒子（随机解），通过迭代找到最优解。在每一次迭代中，粒子通过跟踪两个极值来更新自己：一个极值是粒子本身所找到的最优解，这个解被称为个体极值；另一个极值是整个种群目前找到的最优解，这个解被称为全局极值。另外，不用整个种群而只是用其中一部分作为粒子的邻居，所有邻居中的极值就是局部极值。

假设在一个 D 维的目标搜索空间中，有 N 个粒子组成一个群落，其中，第 i 个粒子表示一个 D 维的向量，记为

$$X_i = (x_{i1}, x_{i2}, \cdots, x_{iD}), \ i = 1, 2, \cdots, N \tag{4.1}$$

第 i 个粒子的"飞行"速度也是一个 D 维的向量，记为

$$V_i = (v_{i1}, v_{i2}, \cdots, v_{iD}), \ i = 1, 2, \cdots, N \tag{4.2}$$

第 i 个粒子迄今为止搜索到的最优位置称为个体极值，记为

$$P_{\text{best}} = (p_{i1}, \ p_{i2}, \ \cdots, \ p_{iD}), \ i = 1, \ 2, \ \cdots, \ N \qquad (4.3)$$

整个粒子群迄今为止搜索到的最优位置为全局极值，记为

$$g_{\text{best}} = (p_{g1}, \ p_{g2}, \ \cdots, \ p_{gD}) \qquad (4.4)$$

在找到这两个最优值时，粒子根据式（4.5）和式（4.6）来更新自己的速度和位置：

$$v_{iD} = wv_{iD} + c_1 r_1(p_{iD} - x_{iD}) + c_2 r_2(p_{gD} - x_{iD}) \ (4.5)$$

$$x_{iD} = x_{iD} + v_{iD} \qquad (4.6)$$

其中，c_1 和 c_2 为学习因子，也称加速常数（acceleration constant），r_1 和 r_2 为 [0，1] 范围内的均匀随机数，w 为状态转移系数。式（4.5）右边由三部分组成：第一部分为"惯性（inertia）"或"动量（momentum）"部分，反映了粒子的运动"习惯（habit）"，代表粒子有维持先前速度的趋势；第二部分为"认知（cognition）"部分，反映了粒子对自身历史经验的记忆（memory）或回忆（remembrance），代表粒子有向自身历史最佳位置逼近的趋势；第三部分为"社会（social）"部分，反映了粒子间协同合作与知识共享的群体历史经验，算法流程如图 4-1 所示。

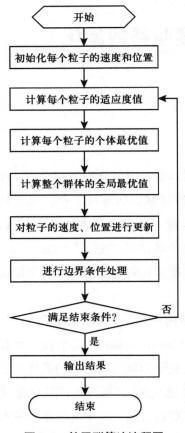

图4-1　粒子群算法流程图

4.2　梯级泵站优化调度的理论

梯级泵站优化调度的问题可分为两个层次来考虑，一是各梯级泵站之间的系统，称之为串联连接；二是在泵站内部，各个泵组之间的关系，称之为并联连接。优化调度的目标是实现系统运行年动力费成本最低。根据工程运行实际，梯级泵站动力费成本主要包括抽水电费成本、其他用电成本、各种用电损耗、基本容量费、力率调整费和电站发电折合电费 6 部分。按优化调度的层次来考虑，梯级泵站优化可分为系统层优化和泵站层优化。系统层优化着重解决

在日抽水量一定的情况下，各泵站的抽水流量和时间安排。泵站层优化着重解决在各泵站抽水流量和时间安排确定的情况下，如何提高抽水效率。系统层优化把各泵站作为整体来处理，设计得出各泵站日抽水计划安排表。泵站层的优化就是在此基础上进行各泵站抽水效率优化，具体来说，就是确定开机的台数、运行机组的流量搭配及加减流量过程的优化处理。

4.2.1 线性规划优化调度方法

为优化水泵的调度，提出一种基于线性规划的方法，即以 24 h 为时间单元，将连续泵流量作为决策变量，并将其转化为离散计划。水泵调度问题可以表述为优化问题，其目标是使能耗成本最小化，同时保持物理和操作约束。优化周期被划分为若干离散控制区间，电价结构和系统元件特性决定了离散控制区间的时长越短，分析的准确性越高。然而，决策变量和制约因素的数量随着定义的控制区间数量的增加而显著增加，导致对解决方案的计算和内存需求增加。为了减少变量的总数，可以为每个泵站和时间步长开发一个单独的决策变量，该变量与在此期间运行的特定泵组相关。

考虑到以上影响因素，应将目标函数定义为泵站流量 Q_t，而不是单泵状态，同时要考虑网络水力和嵌入系数 c_t 中的电价，见式（4.7）。优化周期被划分为 1 h 的间隔，并考虑进入水箱的最高水位和最低水位，见式（4.8），以及泵站负荷的限制，见式（4.9）。进一步的约束条件可确保优化期结束时的水箱水位不低于下一个周期开始时的水位，并且满足每个优化控制间隔的水箱质量平衡，见式（4.10）和式（4.11）。

$$\min \sum_{t=0}^{r} c_t Q_t \tag{4.7}$$

$$S_{\min} \leqslant S_t \leqslant S_{\max} \tag{4.8}$$

$$Q_{\min} \leqslant Q_t \leqslant Q_{\max} \tag{4.9}$$

$$\sum_{t=0}^{r} Q_t = \sum_{t=0}^{r} q_t \tag{4.10}$$

$$Q_t \Delta t + (S_t - S_{t-1}) A = q_t \Delta t \tag{4.11}$$

式中： Q_t ——未知泵站流量（m³/s）；

$\sum_{t=0}^{r} c_t Q_t$ ——目标函数；

q_t——已知需求量（m³/s）；

A——水箱的表面积（m²）；

S_t——t 时刻的水箱水位（m）；

S_{t-1}——t–1 时刻的水箱水位（m）；

Δt——优化控制间隔，通常定为 1 h；

$S_{\min}$——水箱水位的下限（m）；

$S_{\max}$——水箱水位的上限（m）；

$Q_{\min}$——最小泵站流量（m³/s），与泵站流量有关；

$Q_{\max}$——最大泵站流量（m³/s），与泵站流量有关。

式（4.7）~ 式（4.11）表示一个线性模型，计算了每个时间间隔的最佳泵站流量和水箱水位，但后者未被明确视为决策变量。为了提供调度计划，可以将产生的泵站流量转换为离散泵组合，以提供 24 h 的相似流量。随后进行长周期模拟，以验证水泵调度计划的可行性。在求解线性方程组之前，考虑到水箱水位的变化对能耗的影响很小，而需求变化更为敏感，尤其是当泵站直接连接到配水管网时，假设水箱初始水位固定，c_t 为受到能源价格影响的一个系数，该斜率内插了与水泵调度流量相关的能耗。该模型运行是通过将 EPANET 液压解算器直接连接到 MATLAB 软件应用程序来完成的，输出与定义良好的边界条件相关的水泵调度计划。

4.2.2 动态规划优化调度方法

泵站采用不同型号机组进行调节，同一扬程下机组组合不同，水泵的流量、功率、效率等参数也不同。因此，在某一扬程和流量工况下，泵站机组运行台数、机组型号可以有若干种不同组合，对应总功率也不同，但必然存在最经济的运行组合。运用数学手段找到最优运行组合，对机组运行进行合理优化调度，提高泵站运行效率，达到经济运行的目的。

1. 数学模型的建立

机组在运行时每台水泵的功率

$$P = \gamma Q \frac{H}{\eta_{sy}} \tag{4.12}$$

式中：P——水泵功率（kW）；

γ——水容重（kN/m^3），$\gamma = 9\,800\text{ N/m}^3$；

Q——水泵流量（m^3/s）；

H——水泵净扬程（m）；

η_{sy}——泵站装置效率（%）。

$$\eta_{\text{sy}} = \eta_1 \cdot \eta_2 \cdot \eta_3 \cdot \eta_4 \cdot \eta_5 \qquad (4.13)$$

其中：η_1——电机的效率（%）；

η_2——传动装置的效率（%），直接传动时为 100%；

η_3——管道的效率（%）；

η_4——进、出水池的效率（%），约等于 100%；

η_5——水泵的效率（%）。

2. 目标函数的确定

在系统分析中，衡量优选效果的准则可以净效益或灌溉面积最大为目标，也可以投资、运行费用最小为目标。对于机组叶片均不可调节的泵站来说，由于流量不可调节，各运行机组的流量之和很难恰好满足所需流量的要求，同时各级泵站的弃水量和渠道损失水量最终都将反映到泵站的抽水费用上，所以选择抽取单位水量的耗能量最小作为评价指标。

$$e = \frac{\min \sum_{i=1}^{k} \left(\dfrac{\gamma \cdot q_i \cdot H_i}{\eta_{\text{sy}i}} \right)}{\sum_{i=1}^{n} q_i} \qquad (4.14)$$

式中：e——抽取单位水量耗能量（kWh/m^3）；

k——实际开机台数（台）；

H_i——第 i 台水泵工作扬程（m）；

Q_i——第 i 台水泵工作流量（m^3/s）；

$\eta_{\text{sy}i}$——第 i 台水泵装置效率（%）。

3. 目标函数转移方程

$$e_i(x_i) = \min[g_i(d_i) + e \cdot i + (x_i + 1)] \qquad (4.15)$$

式中：　　$e_i(x_i)$——当第 i 管道状态为 x_i 时，末管道到第 i 管道的累计功率（kW）；

$g_i(d_i)$——第 i 管道决策为 d_i 时的功率（kW）；

$e \cdot i + (x_i + 1)$——当第 i 管道状态为 $x_i + 1$ 时末管道到第 i 管道的累计最优

功率（kW）。

4. 约束条件

① 边界约束：各管道累计开机台数为泵站中开机台数。

$$x_M=Z \tag{4.16}$$

$$x_i=d_i \tag{4.17}$$

其中：Z——泵站总开机台数（台）。

② 水泵性能曲线约束：

$$H_i=f_1（q_i） \tag{4.18}$$

$$\eta_i=f_2（q_i） \tag{4.19}$$

③ 状态约束：当第 $i+1$ 阶段到末阶段均为最大决策时，第 i 阶段状态为最小；当第 i 阶段到第一阶段均为最大决策时，第 i 阶段状态为最大。

④ 决策约束：各阶段的决策不得大于各阶段的最大决策且不得大于该阶段的状态；各阶段的最小决策不得小于 0 且不得小于当其他各阶段均为最大决策时该阶段的决策。

⑤ 流量约束：各管道所开机组的总流量不得小于所需提取的流量。

4.2.3 整数规划优化调度方法

水泵选型合理与否，不仅关系到水泵的安装与安全运行，而且直接影响泵站的工程投资和运行费用。水泵优化选型可以采用整数规划法，选型过程主要考虑决策变量、目标函数、约束条件三方面的问题。

决策变量：根据泵站的设计净扬程和估算的流道（管道）阻力损失，在现有的水泵产品中选择若干种水泵型号，各种泵型的台数可以作为水泵优化选型的决策变量。

目标函数：通常表示泵站技术特征的主要指标有工程投资和运行费用，同时考虑这两个指标的年支出或水费成本等。因此，很多优化问题将年支出或水费成本最小作为目标函数。但是在泵站初步设计阶段，工程投资和运行费用都不容易计算出来。因此，在此阶段可以将装机容量最小作为水泵优化选型的目标函数。

约束条件：首先，若所选的水泵台数为零，表示不选该种泵型，而水泵台数为负数则毫无意义，因此，水泵选型必须满足所选水泵台数大于等于零的约束条件。其次，水泵台数也不可能为小数，任何泵站的起动台数为零点几是无法实现的，因此，水泵选型必须满足所选水泵台数为非负整数的约束。

采用整数规划方法，在现有水泵产品范围内，以装机容量最小作为水泵优化选型的目标函数，选择合理的泵站装机配置方案，比较适用于初步设计的规划阶段。

4.2.4 多目标规划优化调度方法

多目标规划法是运筹学中的一个重要分支，是在线性规划的基础上，为解决多目标决策问题而发展起来的一种科学管理的数学方法。

多目标规划化（又称多目标规划、向量优化、多准则优化、多目标优化或帕累托优化）是多目标决策的一个领域，涉及多目标函数的优化问题，同时也是多目标优化问题。多目标规划已经应用到工程、经济和物流等多个领域。在两个或更多冲突的目标之间存在取舍时，需要采取最优决策。如在购买汽车时尽量减少成本，最大限度地发挥舒适度，同时也最大限度地降低汽车的油耗和污染物排放，是多目标优化问题的 1 个例子，涉及 3 个目标。

在实际问题中，一个多目标优化问题可以有多个以上的目标，但多目标函数往往是相互冲突的，单一的解决方案不能同时优化多个目标。这种情况的一个解决方案被称为非劣解或帕累托最优解，如果没有额外的主观偏好信息，帕累托最优解被认为是最好的。

从不同的角度对多目标规划问题进行研究，在建立和解决这些问题时，存在着不同的解决方法和目标。概括而言，多目标规划是研究多于一个的目标函数在给定区域上的最优化，又称多目标最优化。

在智能泵站调度过程中，基于时效、节能、安全等不同的优化目标，需要对智能泵站的调度方案进行多目标优化，最终形成多个优化目标均能满足性能要求的最优解或非劣解。

4.2.5 多级提水泵站优化调度方法

多级提水泵站是一个复杂的系统，其运行功率大、能耗高。各级泵站流量、扬程紧密相连，各泵站站内机组多、型号不一、输水线路长。其通常根据已有的运行经验确定运行方式，浪费了大量能源，降低了经济效益。在大型泵站系统中，经常因为供水需求的不断变化，流量分配不合理，造成开停机频繁，时有弃水或供水不足的情况发生。对供水系统进行优化调度，即在满足供水需求和保证供水系统的压力等硬性要求的情况下，使供水系统发挥其最大效益。采用粒子群算法对多级提水泵站进行级间水位优化调度，实现泵站整体运行经济最大化。多级提水泵站的提水泵站级数多、装机台数多、机组型号复杂且均为不可调机组，而用水区面积比较大，泵站运行能耗较大。基于此，为满足各用水区的需求，实现该泵站安全、稳定、经济的运行，单靠人工观察、手动操作是难以实现的。因此，需要对多级提水泵站的机组组合、水位配合进行优化，同时建立泵站优化运行的系统，实现优化运行的自动操作，最终实现该多级提水泵站系统的高效运行。

第一步为站内流量分配，即机组组合；第二步为级间水位组合，即扬程组合。多级泵站及泵站群的优化运行分析以泵站运行总功率最小为目标准则，用粒子群算法和动态规划法的混合算法求解，并用 MATLAB 编程，在满足各用水区用水量及泵站运行安全的前提下，尽可能降低其运行功率。每级泵站不仅要向后一级的加压泵站输水，而且还要满足该灌区的用水需求，级间的流量平衡主要依赖于各级的支渠来控制，泵站选取的优化准则为泵站运行功率最小，其模型与求解如下。

目标函数：

$$E = \min \sum_{i=1}^{N} NZ_i^* \left(Q_j, H_i \right) \tag{4.20}$$

约束条件：

$$\sum_{j=1}^{M} Q_{ij} = Q_i \tag{4.21}$$

$$H_i = h_{i2} - h_{i1} \tag{4.22}$$

$$h_{i1\min} \leqslant h_{i1} \leqslant h_{i1\max} \tag{4.23}$$

$$h_{i2\min} \leqslant h_{i2} \leqslant h_{i2\max} \tag{4.24}$$

$$N_i \leqslant N_{\max} \tag{4.25}$$

$$N_{ij\min} \leqslant N_{ij} \leqslant N_{ij\max} \tag{4.26}$$

$$Q_{ij\min} \leqslant Q_{ij} \leqslant Q_{ij\max} \tag{4.27}$$

$$H_{i\min} \leqslant H_i \leqslant H_{i\max} \tag{4.28}$$

$$(Q_i - Q_{i+1} - S_i)T = \Delta V_i(h_i) \tag{4.29}$$

$$h_{imin} \leqslant h_i \leqslant h_{imax} \tag{4.30}$$

该泵站模型的求解大致可分为两步。第一步，站内机组的组合采用动态规划法，以机组台数 j 为阶段变量，在此以第 M 台机组与第 j 台机组之间的流量差为状态变量 X_j，第 j 台机组的流量 Q_j 为决策变量。

系统方程：

$$X_j = X_{j+1} + Q_j \tag{4.31}$$

递推方程：

$$NZ_j^*(Q_j, H_j) = \min \sum_{i=1}^{M} 9.81 Q_{ij} \cdot \frac{H_{ij}}{\eta_{ij}} + NZ_{i,j+1}^* \tag{4.32}$$

第二步，级间主要是对各级进出口水位的控制，根据泵站所提供的资料，采用粒子群算法对进水水位进行离散，并通过明渠公式得到出水池水位，从而获得泵站的净扬程，再通过插值、动态规划法、公式转换等获得泵站各机组的运行扬程，初始时惯性权重 $\omega = 1$，wdamp=1；其中，ω 随着迭代不断变换，公式为 $\omega = \text{wdamp} \times \left(\dfrac{\max It - it}{\max It} \right)$，加速度系数 c_1、c_2 均为 0.5。

经过优化，可以求得满足优化目标的多级泵站各级机组开机和控制参数，使多级泵站整体在合理的工作状态协调运行。

4.2.6　基于改进遗传算法的泵站优化调度方法

对泵站进行优化调度可以有效提高泵站的运行效率。针对某供水水源基地的泵站建立神经网络模型分析水泵的特性参数，以水量、压力、高效约束为约束条件，建立改进遗传算法对运行效率进行优化，进而提高水泵运行效率。

1. 建立目标函数

在工作过程中，水泵内部存在能量损耗，无法将电机的实际输出功率完全转化给水流，水泵的能量传输效率计算公式如下。

$$\eta = \frac{\rho g Q H}{1\,000 N} = \frac{cQH}{N} \tag{4.33}$$

式中：η——电机的传输效率（%）；

　　c——常数项，$c = \rho g / 1\,000$；

ρ——输送液体的密度（kg/m³）；

Q——水流流量（m³）；

H——扬程（m）；

g——重力加速度（m/s²）。

该泵站的离心水泵主要有调速泵、定速泵，假设经过统计能够正常使用的共计有 m 台调速泵、n 台定速泵，合计有 M 台离心泵。水泵的优化调度研究主要是使得水泵的使用效率之和最大，从而达到高效运行的效果，水泵运行效率的目标函数如下。

$$\max \eta = \frac{cQH}{N} = \frac{cQ_pH_p}{\sum_{i=1}^{m}N_i + \sum_{i=m+1}^{M}N_i} = \frac{cQ_pH_p}{\sum_{i=1}^{m}\omega_i x_i g_1(Q, H) + \sum_{i=m+1}^{M}\omega_i x_i g_2(Q, H)}$$

（4.34）

式中： Q_p——供水管网目标流量（m³/h）；

H_p——供水管网目标压力（m）；

ω_i、x_i——决策值。

其中，ω_i 值为 0 时表示水泵处于关闭状态，ω_i 值为 1 时表示水泵处于开启状态；x_i 值为 0 时表示水泵处于变频工作状态，x_i 值为 1 时表示水泵处于定频工作状态。

2. 约束条件设置

① 水量约束。水量约束主要表示管网内各个泵站的水流流量之和应小于供水系统的供水量之和。水量约束下供水管网目标流量 Q_p 取值为：

$$Q_p = \sum_{i=1}^{m}Q_i + \sum_{i=m+1}^{M}Q_i$$

（4.35）

式中：Q_i 为第 i 个水泵的流量（m³/h）。

② 压力约束。压力约束主要表示管网内各个泵站压力之和应小于供水系统所供给水量的压力。压力约束下供水管网目标压力 H_p 取值为：

$$H_p = H_i = f_i(Q)$$

（4.36）

式中： H_i——第 i 个水泵的压力值（m）；

$f_i(Q)$——第 i 个水泵的扬程随水流流量的变化函数。

采用改进遗传算法，可以在不适合采用传统优化方法的复杂场景下，对泵站的控制参数和运行参数进行优化。

4.3　泵站应急智慧调度

为了保证安全正常供水，正确、有效和快速地处理生产运行突发事故，最大限度地减少事故造成的损失和影响，应该制订泵站运行管理应急预案，应急预案的基本原则如下。

① 事故发生时，应迅速采取有效措施，防止事故扩大，减少人员伤亡及财产损失；立即向上级报告；在保证事故不扩大的原则下，设法保持设备继续运行。

② 事故处理时，值班员必须坚守工作岗位，集中注意力，加强运行监视，只有在接到值班长的命令或者在对设备或人身安全有直接危险时，方可停止设备运行或离开工作岗位。

③ 处理事故时应始终保持清醒的头脑，迅速控制事故的发展，不得扩大事故，并将事故的处理情况迅速向上级领导汇报。

④ 组长是处理事故的主要负责人，应全面掌握事故情况，及时向上级领导报告事故情况，并组织全站人员处理事故。

⑤ 在处理事故过程中，值班员应加强对运行机组设备的巡视检查，及时将发现的异常情况报告带班值班长，并在值班站长的指挥下进行各项事故处理操作。

⑥ 交接班期间若发生事故时，交接班手续还未办理，则应由交班人员负责处理，接班人员协助。

泵站应急智慧调度是指在满足应急调度和管理的前提下智能制订优化的应急方案。基于数字孪生泵站的运行管理平台，在突发事件发生的第一时间，通过智能传感器、视频监控设备等发现险情，第一时间自动启动应急预案，关停机组的电源和设备，弹窗提醒管理人员进入应急状态，并给出应急预案适配与措施推荐，相关电控设备启动待命，相关人员迅速到岗到位，应急预案开启运行，泵站管理进入应急运行状态。

以汛期泵站应急管理为例进行说明。汛期泵站运作中最为重要的就是对水位的实时监测，一旦水位超过警戒线便会对泵站的各项设备产生一定的危害，工作人员的人身安全也存在隐患。在汛期天气变化很快，并且天气十分恶劣，工作人员无法对泵站水面进行 24 小时监测，因此需要采用传感器来采集泵站水面高度，并传送给本站智能监管系统，对泵站水面进行 24 小时的智能监测，一旦达到警告水位线，第一时间便进行报警处理，以确保及时采取相应措施。相比其他时期，汛期比较容易出现事故，而泵站一般都建在比较偏僻的地方，通信信号比较差，一旦出现事故可能无法第一时间与相关部门取得联系，便会耽误第一时间的救援。因此实现汛期的智能化管理需要为泵站配备一套备用通信设备，建立特殊情况预警系统，实现在任何条件下都能与有关部门取得联系的通信需求。

由于南水北调梯级泵站系统的河道落差关系复杂，河道水动力参数在持续运行后受淤积和水草等因素影响发生偏差、上下级泵站间存在强耦合性、过流能力不仅涉及河道水情，还与调水任务和泵站机组运行约束条件紧密相关，因此运行机理更为复杂，调度难度更大，人工调度效果难以保障。自 2016 年以来，多年的实际运行已积累了大量的数据，蕴含了大量高价值的泵站系统真实信息，涉及河道不同水情下的过流能力、不同河道区段在不同水流状态下的耦合关系、不同调度方案下的调蓄效果等。

采用数据驱动的分析方法，对上述运行数据进行组织、汇总，建设防汛调度案例数据集；在数据集基础上，对防汛调度中亟需的各河段关键参数进行寻优、矫正；构建基于实际场景数据的防汛调度决策支撑环境，基于实际案例的态势匹配和典型参数分析，为防汛调度决策提供信息保障和决策支撑。

4.4 泵站机组节能运行

《泵站节能技术导则》（T/CHES 21—2018）从工程规划与总体布置节能、建筑物节能、机电设备及金属结构节能、运行管理节能等方面对泵站节能技术进行说明，对节能效果评价方法进行了描述。其中运行管理节能方面对泵站及其机组的运行调度节能、主机组及辅助设备运行节能进行了说明。具体包括：泵站管理单位应制订优化调度方案和机组优化方案，优化调度方案中应有节能降耗措施，有条件的泵站，宜对优化调度方案和机组优化运行方案进行节能降耗评估。排涝泵站在保证泵站安全运行的前提下，应充分利用低扬程工况条件，按提水能耗最低进行调度。供水、灌溉泵站宜根据供水、灌溉需要实行电能峰谷调度。梯级泵站或泵站群，应按站（级）间流量、水位匹配和能耗最小的原则进行优化调度。主水泵应在高效区运行，当偏离高效区运行时，应采取变转速、变角度等调节措施。主电机宜采取调节措施，使安装同步电动机泵站的功率因数不低于 0.95。

《南水北调泵站运行管理》一书中提到调水、灌溉、换水等长时间运行的泵站，应实施优化运行，结合泵站机组工况调节方式，在保证工程安全的前提下，调优系统运行工况，实现泵站经济运行。泵站的能耗主要有主机组用电、辅机用电、照明办公用电等。主机组用电就是水泵机组抽水所消耗的电能，这一部分电能约占泵站用电的 90% 以上。如何减少机组消耗的电能，提高水泵的效率是需要考虑的主要问题。辅机用电，泵站的辅机有小型排水泵、供水泵、各种风机、格栅机、门启闭机，同步机组还有励磁柜等。这些辅机长期配合主机组运行，所消耗的电能也不可忽视。照明办公用电是一个泵站所必不可少的，如果不注意节约，也是不小的浪费。故应根据不同泵站的实际情况优化运行方式：对满足抽水流量要求的泵站，按泵站效率最高的方式运行；对满足规定时段内抽水体积要求的泵站，按泵站最低运行费用的方式运行；对排涝泵站，在保证机组安全可靠运行的前提下，按最大流量（满负荷）的方式运行。泵站节能运行需要对以下几点进行关注和进行智慧化建设。

实现泵站流量计的配置，做到泵站渠道流量计的精确测量，从而绘制新的水泵特性曲线，根据水泵特性曲线对泵站采取改进措施，实现泵站的节能运行。

根据实时采集数据设计一套用于实时设备性能监测的健康监测模型，结合人工智能、模式识别、复杂的数据挖掘技术，来确定一个监测设备是否表现不佳或可能失效。分析研究监测设备的历史运行数据，为该设备建立一系列正常运行状态模型，利用实时数据对比已知的运行状态模型来检测系统行为的微妙变化，实现早期识别设备问题，有助于及时改进设备问题，提高产品产能。

建设工程数据库，完善泵站的图纸，并实现图纸电子化，计算分析水泵能耗，按分析结果控制水泵轮询启停、节能降耗、保护水泵、提出设备改型参考建议。

建设设备设施管理系统，建立设备管理二维码，支撑查看对应设备的档案、说明书、保养记录等信息，也可更新巡检、设备保养等记录。

　　不同运行工况下，各水泵的启用调度问题是循环冷却水系统节能的核心问题。引入当前最新信息通信和大数据分析挖掘技术，提出数据驱动的泵站智能调度技术，在泵站运行过程中收集相关数据并进行统计分析，用于泵站配置的实时调度，取得了很好的节能效果。该技术的核心在于数据驱动的泵站节能调度算法，其流程如图 4-2 所示，包括 S1~S8 这 8 个主要步骤。其中，步骤 S1 主要是输入驱动各泵的电机基本参数，包括相数、额定电压和功率因素等；步骤 S2 和步骤 S3 主要是对泵站的总流量和各电机电流等运行数据进行采集与存储；步骤 S4 是对泵站运行模式进行编码，并计算每个编码下的泵站总功率值，编码规则是将各泵按编号排序，启动的泵在其对应的排序位置上编码为 1，否则为 0，形成由 1 和 0 组成的泵站运行模式编码及其对应的泵站总功率值；步骤 S5 是按流量对泵站历史数据进行区间划分，统计获得每个流量区间内各泵站运行编码所对应的总功率平均值，比较得到各流量区间内总功率平均值最小时所对应的泵站运行编码，以此作为相应流量区间内的最佳泵站运行模式；步骤 S6~S8 主要是获得泵站当前运行模式编码（如果该编码不在历史统计数据中，则补充至历史数据库），然后判断当前编码是否为当前流量区间内的最佳泵站运行模式，如果不是则给出调度指令，调节泵站至最佳运行模式。

　　数据驱动的泵站智能调度技术，其调度指令的发出是建立在对相关泵站海量历史数据的统计、分析和挖掘的基础上，并不需要泵站的详细设计资料（如各泵精确的流量、扬程、流量 - 效率曲线以及管网的

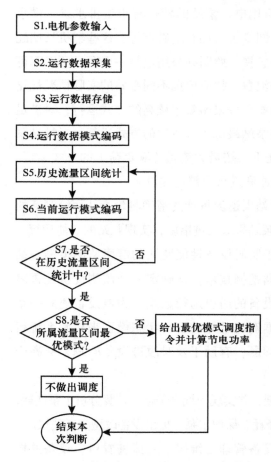

图4-2　数据驱动的泵站节能调度算法流程

流量 – 压降损失曲线等），也不需要对泵站进行大量的繁复测试，仅仅需要在泵站运行过程中采集相关的流量与功率数据，对泵站的正常运行没有干扰，而且调度指令的准确度高、针对性强。

根据泵站系统的设备参数和运行数据，测算泵站（包括有调速设备的泵站和没有调速设备的泵站）的节电潜力、经济性、回收期；根据要求的工艺情况，设计使泵站达到最低电耗运行的设备选型和配置；根据测算的节电比例，控制泵站按既满足工艺要求又使电耗最低的方式运行。此技术开创性地解决了长期以来泵站系统不能用量化的经济指标——吨水电耗设计泵站的问题，首次给出了用目标电耗量化设计测算控制节能型泵站的工具和方法，还可对泵站进行变频升级，实现更彻底的节能。

在同单位产量电耗有关的环节上，根据泵站系统的工艺要求（压力、流量、温度等）、设备参数（水泵、电机、调速装置等）和不同的输送介质（水、油、气、颗粒混合物等）等，找出一套满足工艺要求条件下的电耗最低的运行搭配和调速策略。通过在线软件实时监控，自寻优并且控制给出满足工艺要求条件下，实时电耗最低的运行搭配和调速策略，得出最省电泵站系列的设计方案，其原理如图 4-3 所示。

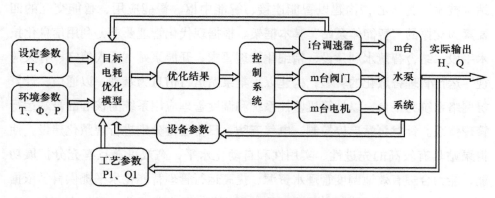

图4-3 泵站目标电耗节能技术原理图

泵站机组节能运行的智能化在于实现上述节能运行管理的智能化和智慧化。泵站机组在满足安全运行和水量泵送的前提下，基于水利专业模型和数字孪生泵站工程实现泵站机组的节能方案智能优选和提前预报，基于大数据和人工智能算法实现泵站机组的智能化调度和运行管理。

第5章　南水北调运行管理智慧化

　　水利工程"三分建七分管"，建是基础，管是关键，泵站的经济运行和优化管理尤为重要。因此，加强对泵站运行的科学管理，提高泵站的运行效率和智慧化程度是泵站管理工作的重点。

　　泵站的运行管理主要包括泵站的启停控制、电气五防、日常巡检3个部分。近年来，我国已经对泵站工程的经济运行优化理论和方法开展了大量研究工作，并取得了不少可喜的成果。但是随着泵站业务的扩展和不断深入，区域性排涝和生态供水的需求增长，泵站数量和业务不断增加，运行人员供需矛盾愈发凸显，现有传统泵站的运行管理模式已经难以满足要求。在数字化转型背景下，智能化技术的发展为泵站运行管理模式的创新带来可能。

　　泵站智慧化运行管理，将从"整体性"向"智能体"模式变革，即以"泵站＋技术"为核心，构建以智能连接、智能中枢、智能应用、智能交互的四要素为支撑的"智能体泵站"基本框架。根据现代化管理要求，利用信息化技术手段，结合智慧水利建设、精细化管理要求，开展泵站"无人值守、有人巡视"运行管理智慧化的转型，构建以采集泵站运行信息为基础，以通信、计算机网络系统为平台，以计算机监控系统和调度管理应用系统为核心的泵站运行管理体系。针对泵站启停控制、电气五防、日常巡检分别进行智慧化建设，使得泵站具有较高的先进性、实用性和自动化水平，高效可靠且有充分扩展功能，能为合理有效地调度管理水资源、提高运行管理智能化水平提供科学依据和技术支持，实现"控制自动化、管理现代化、信息集成化、保护全面化、现场可视化、运行最优化"的目标。

5.1　启停控制

　　泵站的启停控制是泵站整体运行的重要环节之一，主要包括电源的控制，辅机组、计算机监控系统的投入以及主机组的启停。现有传统泵站的启停控制多为半自动化操作，即操作过程大多需人工干预，存在人力资源投入大、人工素质要求高等问题。因此，提高泵站启停机操作自动化、智能化程度，是实现以机代人、以机减人的智慧化泵站建设的重要一环。

5.1.1　启停控制操作的现状

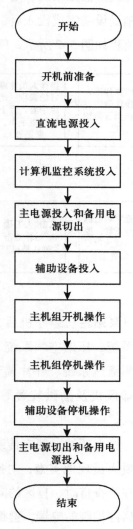

泵站的启停操作流程有规范化要求，在执行启停操作时，需严格按照流程顺序执行，确保操作的安全。泵站的启停控制具体操作流程如图 5-1 所示。

开机前准备工作是泵站启停控制操作的重要环节之一。中央控制室值班人员接到开机调度指令后，通过视频监控系统和人工现地监测对上下游引河及水位、拦污栅及栅前栅后水位、建筑物等进行检查，完成开机前准备确认工作。待工作人员收到检查完成的信号后，方可执行后续操作。

直流电源投入应按顺序进行操作和检查，检查直流电源装置控制器、充电模块、绝缘监视、电池电压巡检等处于正常工作状态；检查电源总开关在合闸状态；检查线（母线）、主变压器、站用变压器、主电机控制保护电源开关在合闸状态；合上高压断路器合闸电源开关；合上计算机监控系统装置备用电源开关，或检查在合闸状态；合上励磁装置、液压装置等电源开关，或检查在合闸状态。

计算机监控系统投入应按顺序进行操作和检查，检查交流不间断电源装置已处于逆变状态，电源电压、运行方式等运行正常，无不正常报警；检查现地监控单元、上位机、工控机、服务器等电源开关应在合闸位置或合上其电源开关；合上显示器电源开关，启动或重启上位机监控主机，

图5-1　泵站启停控制操作流程

101

并检查监控主机运行状态；检查上位机监控各画面，通信、时间、数据正常，音响信号、故障报警信号等应正常；检查"泵站电气主接线"画面中隔离刀闸、接地刀闸、高压断路器，断路器手车位置应在断开位置并与现场一致；最后，进行计算机监控系统登录，输入操作员姓名、密码。

完成上述操作后，进行主电源投入、备用电源切出及辅助设备投入。其中，辅助设备的投入主要包括技术排水系统、技术供水系统、压缩空气系统、叶片调节液压系统、闸门启闭液压系统、稀油站以及清污机的投入操作。在所有辅助设备完成投入后，执行泵站主机组的启停控制操作。泵站主机组开机操作流程如图5-2所示，停机操作流程如图5-3所示。

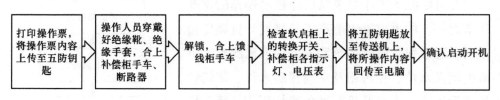

图5-2 泵站主机组开机操作流程

图5-3 泵站主机组停机操作流程

泵站主机组停机后，依次停止清污机、闸门启闭液压系统、叶片调节液压系统、压缩空气系统、技术供水系统等辅助设备运行，分开清污机、闸门启闭液压系统、叶片调节液压系统、压缩空气系统、技术供水系统、主电机冷却风机及励磁装置等辅助设备电源开关，最后将主电源切出和备用电源投入。

综上所述，现有传统泵站启停机操作流程环节较多，过程烦琐、细节多，需要人员现地实施，对操作人员的素质要求较高，可能会产生人为操作失误，存在检查盲时、盲区的问题，从而导致泵站的启停运行故障。基于半自动化泵站启停控制的弊端，遵循泵站建设的先进性、可靠性、开放性、安全性、经济性原则，泵站启停控制的自动化、智慧化已成为发展趋势。

5.1.2 启停控制的不足和智慧化需求

目前，泵站启停多采用半自动化操作，所以仍然存在一些问题，主要可归纳为以下两个方面。

一方面，执行机组启停操作前需人工现地检查环境、设备，人力资源投入多，问题反馈不及时。

另一方面，执行机组启停操作时需人工现地执行，运行中的机组设备需人工观测，过多人工干预误检、漏检隐患大。

如前所述，传统泵站在主机组执行操作前，需要人工现地检查泵站设备及周边环境，确认现场设备状态、油位、供水是否正常，是否达到泵站开机标准，检查高压室各个机柜仪表、断路器手车状态等。在泵站主机组执行启停机操作时，按照操作票执行开停机流程，该操作需要工作人员到现地执行开停机操作。在泵站主机组启动后，工作人员须对主机组运行声音、机组振动进行监测，判断主机组运行声音、机组振动是否正常，有无火花、异味等异常情况。

针对传统泵站启停时所遇到的问题和潜藏的安全隐患，需大力推进泵站智慧化建设，实现对泵站的智能调度以及对泵站周边环境、现场设备的智慧化监测。而实现泵站智能调度、智慧监测，则需要利用五感助力智能运行。所谓五感，即将泵站与人类进行对照，通过布设传感器实现与人体五种感官（视觉、听觉、味觉、嗅觉、触觉）类比，构建分析决策中心与人类大脑进行类比。

在视觉上，通过双光谱热成像技术实现远程巡检填料函温度、识别电机温度，与测温传感器协同实现双因子智能校验，保证监测数据的准确性。利用视频监控，对高压室机器状态进行实时数据采集，实现仪表识别、开关状态识别以及手车状态识别，对高压室各个机柜自动巡检，融合边缘计算 AI 分析，减少人员进入高压室频次，降低安全风险。在听觉上，实现设备异常噪声源的实时记录，对设备进行非接触式测量、实时采集，通过声谱分析，积累泵站运行声音数据，从而直观反映设备的故障情况。在味觉上，通过布设水质采集设备，采集分析水质是否达标，是否满足用水要求。在嗅觉上，安装异味监测传感器，智能判断是否存在高温导致的烧焦味道，实现对可燃烃类、臭氧气体的实时监测。在触觉上，通过增设油位自动监测，与油缸油温一起对电机运行进行监控，通过在填料函位置处重新安装摆度传感器实现摆度值的精确测量。最后，通过智能调度、采集数据分析构建一个大脑，植入深度学习、大数据分析算法以及人工智能算法，对实际应用场景进行分析和计算，在中央控制室远程执行泵站开停机操作，减少人员进入操作室频次，降低工作人员安全风险。

针对传统泵站启停问题，结合现有技术发展智慧泵站数字孪生技术，实现泵站智慧化建设，进一步完善泵站运行基础数据的自动采集系统，在泵站现有的水位监测、水泵运行参数（电气量、温度等信息）采集的基础上，以现有主机组为原型，完善泵站安全运行监测数据类别，增加关键部位位移振动监测、电气室光感烟感等传感器加设安装，实现双因子校验，提高泵站启停智慧化控制的准确性。利用边缘计算技术对视频监控、传感器采集到的信息进行快速计算处理，提高泵站启停智慧化控制的高效性。针对泵站启停关键部位的智能识别监测，采用图像 AI 识别技术，对如高压室、断路器手车推进等关键点处进行图像识别及算法分析，实现以机代人，保证泵站启停控制的智慧化运行，提高泵站启停智慧化控制的可靠性。

5.2 电气五防

五防系统是防止变电站误操作的主要设备，是确保变电站安全运行并防止人为误操作的重要设备。任何正常的切换操作都必须经过五防系统的仿真预览和逻辑判断，确保五防系统的完整、完善，可以大大防止和减少电网事故的发生。现如今，随着泵站电力系统规模愈来愈大，电压等级愈来愈高，电气误操作事故成为泵站电力系统频发性事故之一。为了确保电力系统的安全稳定运行，避免误操作事故的发生，除强化运行管理手段之外，还必须重视电气五防工作，规范操作流程。

5.2.1 电气五防操作的现状

泵站运行操作包括泵站的电力系统操作，目前电力系统相关规程、规定、文件中所提及的电气五防是指：防止误分、合断路器；防止带负荷分、合隔离开关；防止带电挂（合）接地线（接地刀闸）；防止带地线（接地刀闸）合断路器（隔离开关）；防止误入带电间隔。为了实现电气五防，大部分泵站都设计并采用了防误装置。

随着泵站电力系统不断发展，防误装置的操作方式也发生了很大变化，有远方操作、就地操作、检修操作、事故操作、多地点操作、解锁操作等。要防止上述操作方式的各种误操作，强制性闭锁措施则必不可少。

目前，主要应用的闭锁系统有机械闭锁、电气防误闭锁、微机五防闭锁。由于机械闭锁仅限于隔离开关与接地开关之间的闭锁，适用范围有限，而电气防误闭锁需要接入大量的二次电缆，接线方式较为复杂，运行维护较为困难，还有辅助接点接触不可靠等缺点，为此泵站主要应用微机五防闭锁系统。

微机五防闭锁设备的工作原理是使用电脑钥匙、编码锁手段、计算机手段开展操作过程，通过软硬件的共同作用对高压电器实施控制，进而减少安全事件的产生。它包括主机、电脑钥匙、机械和电气编码锁等元器件，其中主机是最重要的组成部分。主机能够率先存储变电站中全部机器在多种工作状态下的操作程序，并且其显示屏上的全部模拟元器件都是和主机一一连接的，可以采用线上控制或者间接记忆的方法，使显示屏上的全部模拟元器件和设备的断路器、接地开关等状况实现统一。电脑钥匙能够在工作时收到主机传出的操作指令，工作人员能够便捷地使用它对电气和机械编码锁实施解锁行为。

工作人员在开始工作之前，必须要先在微机显示屏上实施预演工作，逐步按照事先储存的程序对每个阶段的工作实行判定。若操作无误，就会发出正确的语音播报；若操作不当，就会发出报警提示，直到全部操作顺利完成。预演工作完成之后，主机使用通信接口把准确的指令传输给电脑钥匙，工作人员才能够带着电脑钥匙实施实际操作。把电脑钥匙插进相关机器的编码锁中，电脑钥匙会自主检测机器操作的准确性，如果无误会发出正确的语音播报，并且进行开锁工作。在工作完成之后，电脑钥匙能够自主显示下一步操作环节，假如操作顺序紊乱，电脑钥匙就会检验出编码锁的编号和需要操作的编号不对应，进一步自动闭锁并且发出报警提示，以防工作人员操作不当引发安全事件。

微机五防系统具备功能多、运行稳定、维修便捷等优点，可以通过闭锁逻辑和规定锁具对断路器、隔离开关、遮栏、网门或开关柜门等进行控制，能够有效地减少由于工作人员粗心而导致的安全事故的发生。但目前的微机五防系统仍采用传统的通信方式，无法主动更新设备状况，且在现有的操作过程中虽已实现部分自动化，但由于电力操作本身的重要性和安全性，仍需进一步提高智慧化建设力度，减少人工干预行为，更有效地防止安全事故的发生。

5.2.2　电气五防的不足和智慧化需求

目前，五防系统在各电压等级的变电站均已得到广泛的应用，相对于其他防误操作形式，它功能全、可靠性高、技术先进、维护方便，能有效地防止"五误"操作，有效地防止工作人员在变电运行方式改变操作过程中因误操作而造成的人为安全事故和设备损坏，最大限度地保证了变电运行工作人员和变电检修人员的人身安全和变电设备的安全运行。但仅仅依靠现有调度自动化的技术手段，距离智慧泵站无人值守、有人巡视的要求仍有较大差距。基于泵站变电站本身的重要性以及对安全性的更高要求，为保证泵站变电站正常运行的同时，能够应对人员误操作而造成的危险隐患，必须进一步围绕现有五防系统进行智慧化建设。

（1）传统泵站五防系统主要存在的问题

① 设备监测多采用人工巡检，人力资源投入大，问题反馈不及时，时效性差。

② 设备开关需人工判断，人工干预多，误判率高。如五防系统由于设备具体操作的开关比较复杂，刀闸式开关并没有需要打开或者需要关闭的提示，且不能在每一把刀闸上安装微机五防锁具，甚至刀闸具体操作中的编码不分上刀闸和下刀闸，只能依靠人工根据上下刀闸存在的关系进行判断性开锁。

③ 现有操作系统无法直接读取设备数据，部分设备数据更新不及时。传统的五防系统和监控系统是分开的，并不在一个系统，进行五防操作要使用五防的系统，查看数据要使用监控的系统，增加了泵站工作的复杂性，数据更新迭代有时间差。

（2）电气五防的智慧化建设可解决的主要问题

① 针对传统泵站人工巡检时效性差的问题，泵站开展电气五防的智慧化建设，在泵站变电站补装视频监控系统，补装部位主要包括主变压器、断路器、电压互感器、电流互感器、高压室开关、主控室的电源盘及控制盘盘面等。通过在监视对象处安装摄像机、感应探头、巡检机器人等装置，实现对一二次设备及其运行情况的监视，如主变压器、开关是否有外部损伤，主变压器油位控制盘上的表头、灯光信号是否正常等。

② 针对现有人工干预误判率高的问题，泵站在已有自动化系统的基础上，除补增视频监控、传感器之外，还增加视觉、触觉、味觉、嗅觉等一同判断现

有设备状态，并增加电脑钥匙语音提醒功能，在一些简单提示功能（如"锁已打开""步骤错误"等）的基础上，不断进行更加强大的语音功能开发，实现可以在其语音提示下进行开关的控制操作。

③ 针对泵站五防系统数据更新迭代有时间差的问题，泵站开展电气五防系统智慧化建设，把五防系统作为监控系统功能的一个组件无缝融入监控系统中。监控系统包含操作票功能、防误闭锁功能，与五防主机共享一套实时库。五防数据全部从监控的实时库中读取，无须采用通信方式，省略传统微机五防的中间环节，提高了五防采集数据源的实时性和可靠性，极大地提高了五防系统的运行性能和可靠性。除此之外，整合后的系统为全图形化界面，易于操作，用户不必同时熟悉两套软件界面，减轻了运行人员的工作量。

5.3　日常巡检

泵站运行管理过程中，日常巡检是按照相关标准规范，通过人的感官、借助仪表工具进行工艺、设备的巡检，发现异常则及时采取措施消除隐患，是保障生产的重要手段。目前，传统泵站的日常巡检多为人工巡检，巡检效率低、人力资源投入大。因此，需要进行泵站日常巡检的智慧化建设，比如运用深度学习 AI 识别技术、双因子校验技术、边缘计算技术等对泵站日常巡检过程进行智慧化改进，构建无人值守或少人值守的智慧化泵站。

5.3.1　日常巡检操作的现状

泵站日常巡检按照《北京市南水北调团城湖管理处日常养护作业标准（试行）》编制养护排期，进行日常养护工作。

在泵站运行期间，须每 2 小时按照巡检路线巡检设备并填写巡检表。泵站巡检过程中，主要的巡检内容包括本级泵和下一级前池水位、流量计数据、用电情况；机组的电压、电流、功率、频率及电机定子温度、振动摆度是否在范围之内，有无报警；机组轴伸端、非轴伸端轴瓦温度、填料函温度是否正常；技术供水管道流量、压力是否正常；稀油站、液压站的油色、油位、油温是否正常；排水系统是否可以在规定范围之内自动排水等，具体设备巡检内容见表5-1。泵站运行时，对于建筑物的巡检每日不少于 1 次，巡检内容对象为：主副厂房、公路桥、上下游翼墙、上下游河道及两岸浆砌、干砌块石护坡的工程状况，巡检管理范围内有无违章情况。运行期间除巡检上述项目外，还应巡检河道水流状态、漂浮物及是否有船只进入河道禁区。

表 5-1　某泵站具体设备巡查表

序号	位置	巡检内容	级别
1	中控室	室内温湿度	一般
2		各主机运行情况	一般
3		自动化运行数据	重要
4	综保室	室内温湿度	一般
5		设备运行情况	一般
6	高压软启（变频）室	室内温湿度	重要
7		设备运行情况	重要
8	综合室	室内温湿度	一般
9		设备运行情况	一般
10	翻板闸室	室内温湿度	一般
11		是否漏油	重要
12	高压室	室内温湿度	一般
13		进线电压	重要
14		高压柜情况	重要
15	节制闸室	室内温湿度	一般
16		闸门是否漏水	重要
17	前池	水面	重要
18		水尺	重要
19	后池	水面	重要
20		水尺	重要
21	电机层	环境温湿度	一般
22		真空破坏阀是否漏气	重要

续表

序号	位置	巡检内容	级别
23	电机层	主电机上油缸油温	重要
24		主电机振动摆度值	重要
25		设备运行情况	一般
26	联轴层	环境温湿度	一般
27		技术供水支管压力	重要
28		电机转速	一般
29		填料函温度	重要
30	人孔层	环境温湿度	一般
31		进人孔、人孔盖板是否漏水	重要
32		水源热泵电机温度	一般
33		水源热泵取水压力值	一般
34	水泵层	环境温湿度	一般
35		技术供水电机温度	重要
36		技术供水压力、流量	重要
37		集水廊道水位	重要
38		水源热泵运行情况	一般
39		水泵各处有无漏水	重要
40	低压室	室内温湿度	一般
41		进线电压	重要
42		低压柜情况	重要

在泵站停运期间，应对设备每周巡检1次。巡检内容主要为：主机泵、电气设备、计算机监控系统设备、辅助设备、金属结构、观测设施等是否完好，运行状态是否安全正常。泵站停运期间，对于建筑物的巡查，每周巡查不少于1次。

在日常巡检的过程中，巡检人员须依据泵站巡检路径示意图进行巡检。巡检时，应严格按照巡检路线和巡检项目对设备逐台认真巡检，严禁"走过场"。每次的巡检应该严格按照巡检表进行巡检，巡检情况应进行记录并签名，巡检App 与纸质版巡检表需要同时填写。对于新发现的设备缺陷要记录在"设备缺陷记录本"内，技术组人员将根据问题情况填写《报修单》并提交流程上报。问题报修流程上报，运行期每 2 小时报送 1 次，非运行期每班报送 1 次，如果遇到需要切换机组的情况，报送的同时需要通知调度科。

综上所述，传统人工巡检是巡检人员按照固定线路逐一巡检关键点位，并通过现场仪表和人工感官对设备情况进行巡检和判断。传统泵站巡检工作量大、巡检点位多，完成泵站日常巡检任务需要投入大量人力资源，且无法实现 24 小时实时监测。对于泵站运行的重点监测部位，从发现问题到进行维修上报，时间间隔较长，无法实现即时预警。除此之外，日常巡检数据需人工汇总，效率低下。因此，泵站日常巡检的智慧化建设将通过铺设相关设备，使用数字孪生技术与自动化泵站相结合完成自动巡检、预警，提高泵站日常巡检效率，构建无人值守或少人值守智能化泵站。

5.3.2　日常巡检的不足和智慧化需求

泵站的日常巡检是通过对设备的运行状态进行定期巡检，发现设备运行隐患及故障，采取及时有效的措施，保证设备的安全稳定运行的重要工作。目前，泵站巡检工作以人工巡检为主，存在时效性不强、人力占用大、控制中心不能掌握第一手情况等缺陷。如何采取智能化的手段实现远程集中巡检，成为智能泵站建设工作的关键点之一。

传统泵站在进行日常巡检时，人力资源占用大。泵站需要巡检点位较多，且很多巡检项只能人工现地查看，无法实现远程监控，如泵站上下油缸及叶调机构油位、配电柜仪表等信息。围绕传统泵站人工巡检问题，进行无人值守或少人值守智能泵站建设，通常需要在需人工巡检场所（如泵站前池、后池）布置视频监控设备，结合图像 AI 识别技术，对水面、水尺等巡检项目进行监控及识别，实现对重点部位的预警发现达到秒级窗口期，实现泵站重点部位检测的实时预警。在巡检关键点铺设传感器，进行机组振动、噪声、气味、油味、温湿度数据采集，对没有布置传感器的关键点进行传感器布置，对已有传感器布置的关键点进行多个传感器布置，利用双因子校验技术完成多重数据处理，实现以机代人。

传统泵站人工巡检时效性不强，存在巡检盲时、盲区。人工巡检难以做到泵站 24 小时实时监测，泵站目前巡检制度为每 2 小时巡检 1 次，对于重点部位的预警发现有 2 小时的窗口期。采用自主巡检机器人代替人工巡检，可以增加日常巡检频次，如在高压室布置 AI 巡检机器人，实现高压室场景的完全还原，利用 AI 巡检机器人完成对高压室的 PT 进线柜、受电柜、变频柜、馈线柜、补偿柜等相关高压柜的电压解列指示灯状态、开关位置、合闸指示灯状态、显示器状态等相关数据的巡检，实现日常巡检效率的提升。

现有泵站在完成每日巡检后，水量、电量、机组设备等情况需每天抄送记录，效率较低，没有实现自动存储功能。在泵站日常巡检过程中，针对发现的问题，需要人工进行日巡检、周巡检、月巡检的问题汇总，没有实现巡检问题自动汇总功能以及巡检问题自动分类功能。将传感器、视频监控设备、巡检机器人采集到的日常巡检信息接入后台系统，实现日常巡检数据的自动分类、汇总、存储，并将汇总数据传输到业务内网的数据库中，对泵站调度、维修、安全管理等业务也将起到重要的作用。除日常巡检信息外，还需记录和统计自动巡检过程中所产生的巡检报警信息，并将巡检报警情况记录到巡检报警统计列表页面，实现对重点部位的预警发现达到秒级窗口期，对于重点部位监测异常进行实时预警。

5.4　运行管理的智能应用

社会经济的快速发展和科学技术的不断进步，对水利工程提出越来越高的要求。通过泵站对水资源进行合理的调度，需要泵站机组的有效调配，以满足人们对生活和社会生产的需求，这也促使泵站的运行管理必须更加高效。

目前，大多传统泵站都是在几十年前修建的，受当时经济和技术条件的限制，泵站的运行管理基本上由人工完成。例如，泵站的启停控制需仪器操作员、水量观察员、通信员等进行现地观察和操控；泵站的日常巡检需要巡检人员每隔 2 小时就要进行一次巡检。传统泵站的运行管理中，工作人员的经验对泵站的高效运行起着非常重要的作用。但这样的半人工管理不仅浪费大量人力资源，而且效率低、安全性以及可靠性差，存在大量的监测盲区、盲时等问题。如何解决半人工管理所带来的问题，成为智能泵站建设工作需要关注的关键点。因此，智能泵站建设将主要围绕以机代人、以机减人的目标进行，通过对泵站现有的监测感知、信息处理、应用集成等环节进行升级改造，有效提升传统泵站的运行效率和管理水平。

5.4.1 高压室断路器手车状态识别

断路器是泵站的核心设备，负责对泵站电机的安全供电、对其手车开关状态的自动监测，关乎泵站安全运维、机组的正常启停，是智慧泵站建设的重要一环。当前泵站断路器状态监测多采用人工定期巡检，存在人力成本高、监测盲点多、安全隐患大等问题。为了解决人工干预所存在的问题，需要结合机器学习对断路器手车的监测方法作出改进，实现断路器手车的自动监测。

目前，对于断路器手车的自动监测方法主要有，提取断路器的机械特性参数并利用机器学习方法进行断路器手车运行状态的故障判别，以及利用机器视觉技术观测断路器手车状态。利用机械参数的监测方法可以有效避免人力巡检的缺点，但由于需要额外安装物理传感器，成本较高且操作较为复杂，其推广应用的效果并不理想。而采用机器视觉技术观测断路器手车状态，比聚焦断路器物理参数更加直观、便捷，是进行断路器手车运行状态监测的有效途径。

当前深度学习技术的迅猛发展为基于机器视觉的断路器手车运行状态智能监测带来了机遇。利用巡检摄像头代替人工巡检的方式采集断路器手车状态视频，并融合深度学习技术分析监控视频，基于断路器手车视频平面上的标识符特征，可以实现泵站断路器手车推入、推出两种状态下的有效监测和识别。

首先，由巡检摄像头采集断路器手车的监控图像，通过视频围栏算法划定待监测的图像区域。其次，设计字符级检测器，检测字符与字符之间的联系来有效地判定文本区域，提高了文本检测框的检测准确程度与贴合程度，减少因文本目标框坐标值不准确等问题带来的检测误差。由此，通过文本检测算法将手车状态在深度方向上的差异问题转化为二维平面的差异问题，避免二维图像缺失深度信息的问题。最后，利用标识符平面特征判别断路器手车推入与推出两种状态。

考虑到实地部署与大规模应用的需求，将算法移植到体积小、处理速度快的边缘计算盒子中进行推断，主要包括文本模型的量化转换（网络剪枝、结构替换、浮点量化等优化技术，将原文本检测模型转换为边缘计算盒子支持的 RKNN 框架模型）与推断（利用边缘计算终端独特的 NPU 处理单元代替 GPU，加速推断文本检测模型），最终实现便携式断路器手车状态的快速、精准判别以及检测结果的上传。泵站断路器手车技术路线图如图 5-4 所示。

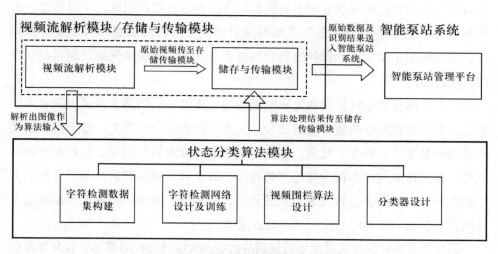

图5-4   泵站断路器手车技术路线图

（1）视频流解析模块：读取高压室采集的监控视频流，并对视频流进行实时解析。并读取视频流中的图像帧，作为后续手车状态判断模型的输入图像数据。

根据摄像头原生 SDK 文件，设置 RTSP（实时流协议）传输协议与传输通道，构建 RTSP 服务与相应 IP 地址，构建解码器，对 RTSP 协议推送的视频流进行解码，并读取视频流中的帧图像传入状态分类模块。

视频流解析模块支持常见的 H.264 及 MPGE4 视频压缩标准、分辨率从 720P 至 2K 的视频流，支持后缀为 mp4、flv、avi 的视频文件作为数据输入源。

（2）状态分类算法模块：对待监测的输入图像进行二分类状态判断，输入手车状态，监测网络中状态判别的结果。

（3）数据传输模块：将手车状态判别结果、关键帧、监测时间点位等信息传输到智能泵站管理平台，方便后续工作人员及时采取措施或回溯报警历史，为后续的异常状态预警提供数据基础。

下面分别对状态分类算法模块中的文本检测算法、视频围栏算法、分类算法进行介绍。

1. 文本检测算法

断路器手车在推入和推出两种状态下的区别在监测视频影像中主要表现为深度上的变化，而进深的变化并不显著。基于深度学习的图像分类算法难以捕捉与拍摄平面垂直的深度方向上的变化，因此无法直接利用深度学习算法分析手车状态。而由于两种状态下手车图像中标识符内容的位置和大小具有差异性，可以利用手车文本标识符的差异判断手车状态，进而实现泵站断路器状态的自动监测。

文本检测技术是计算机视觉研究领域的分支之一，归属于模式识别和人工智能，是计算机科学的重要组成部分。文本检测算法分为两类：基于回归的文本检测和基于分割的文本检测。基于回归的文本检测算法利用目标检测方法的思想，将图像中的文本视为待检测的目标，其余部分视为背景；基于分割的文本检测算法，对图像进行像素级别的分类，分割文本区域。目前，主流的文本检测算法包括 PSENet、CTPN、SegLink 等算法。

通常的文本检测算法采用单词级别的数据集训练神经网络模型，容易导致模型在检测弯曲、不规则等任意形状文本区域方面存在局限性。字符级文本检测算法通过检测每个字符和字符之间的联系有效地检测文本区域，构建字符级检测器。

单词级别的文本检测数据集训练得到的神经网络模型对于文本发生弯曲或形变时检测效果不佳，而通过字符级别数据集训练神经网络，可以使模型聚焦于字符间的联系，对复杂场景具有更好的泛化性。但目前的文本检测数据集大多基于单词级别，很少有基于字符级别的标注，需要使用合成数据生成字符级别的标注，并且训练过渡模型估计真实图像的字符级标注，再利用弱监督学习框架从真实文本图像数据的单词级标注中生成字符级标注来微调训练模型。

2. 视频围栏算法

视频围栏技术支持人为划分的方式在视频中标定待检测的围栏区域并得到相应点坐标，与检测网络连接后将区域的位置坐标传输到网络中，对区域内的内容进行检测。可以将标点的围栏区域的边界坐标传输到文字检测网络中，只利用该区域内检测到的文字目标框判断手车状态，舍弃超出围栏区域的文字目标框。

可以利用视频围栏算法来解决检测图像中标识符数量过多、不同标识符的位置与大小不同，对断路器手车状态分类的判别造成干扰的问题，将全局监测问题转化为限定待检区域问题。先对断路器手车图像中的监测范围进行划分，再进行后续标识符检测任务。

视频围栏算法流程如图 5-5 所示，首先标定图像，获取警戒区域的像素坐标范围，再对警戒区域内的图像内容进行后续处理。

图5-5 视频围栏算法流程图

3. 分类算法

基于判别函数的传统分类算法，通过检测出的标识符目标框坐标信息统计各个断路器样本分别在两种状态下的目标框面积，以此作为参数手工设计二分类的判别函数，并利用该判别函数直接对断路器样本的状态进行分类。该分类算法具有耗时短、准确度高的优势。

目前，结合深度学习的断路器手车状态智能检测算法已在智能化泵站建设中有所应用。该算法能够快速高效地对断路器状态进行判别，对于单张手车状态图像判断耗时达到秒级，而对于批量检测平均检测耗时更是达到毫秒级，具体性能测试结果见表 5-2。在此基础上，还实现了多场景下的手车状态准确分类，依靠深度学习的框架保证了手车状态判别的准确性，节省了断路器状态监测的人力成本，具体测试结果见表 5-3。

表5-2 性能测试结果

手车状态	检测耗时	
	单张图像检测耗时 /s	大批量图像检测耗时 /s
推出状态	2.71	0.2
推入状态	2.7	0.15

5.4.2 渠道落叶 AI 识别分析

泵站水池主要负责：适应泵站供水量变化短时间调节水量，减少水位波动，平稳水头；拦截和清除漂浮物，避免漂浮物进入水泵堵塞叶轮或撞坏转轮。由于泵站水池结构的特点，容易形成漂浮物堆积，从而影响泵站前池和后池的各闸口后侧的输送管道的输水工作。因此，泵站水池的清污工作日益受到重视，清污设备得到普遍的应用。当前，泵站水池清污工作仍采用人工巡检方式对清污机进行启停控制，这种方法普遍存在耗时费力、观测不连续、人工干预多等问题，无法实现对泵站水面的实时监测，仅能依据日常工作规律作出判断，难以应对各类突发情况。视频监控领域的快速发展为泵站水池水面漂浮物的监测带来了转机。利用视频监控技术可以减少人力投入，降低成本。但仅靠视频监控仍需人力实时观看监控画面，难以保证 24 小时无缝监控，无法实现对泵站水面的智能监测。

为推进智慧泵站水利工程建设，采用机器学习和深度学习技术，利用摄像头实时采集水面视频画面，并对视频画面进行预处理，实现对漂浮物的智能识别，进一步根据识别结果作出正确决策，实现泵站的智能化管理。

首先，采用图像增强技术，对摄像头采集的画面进行预处理，削弱由于强弱光照和夜间照明灯光对泵站渠道监控画面可辨识性的干扰，以便进行漂浮物目标检测，提升检测的准确性。随后，采用图像分割技术，准确获取渠道区域，屏蔽渠道周边区域无关信息，以提高后续目标监测任务的实效性。最后利用目标检测技术，实现对落叶、树枝、水瓶、塑料袋四种常见渠道漂浮物的自动识别以及人员落水等异常事件的检测，再进一步对检测到的落叶进行像素级分割并定义落叶覆盖率的换算规则。泵站渠道落叶 AI 识别分析技术路线如图 5-6 所示。

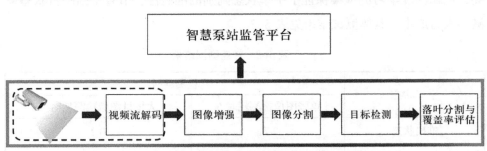

图5-6 泵站渠道落叶AI识别分析技术路线图

下面分别对其中的图像增强算法、图像分割算法、目标检测算法进行介绍。

1. 图像增强算法

图像增强的主要目的是提高图像的质量和可辨识度，使图像更有利于观察或进一步分析处理。图像增强技术是在一定标准下，处理后的图像比原图像效果更好，一般通过对图像的某些特征，如边缘信息、轮廓信息和对比度等进行突出或增强，从而更好地显示图像的有用信息，提高图像的使用价值。

直方图均衡的经典算法对整幅图像的像素使用相同的变换，如果图像中包括明显亮的或者暗的区域，则经典算法作用有限。AHE（自适应直方图均衡）算法通过对局部区域进行直方图均衡，来解决上述问题。

自适应直方图均衡算法中，图像分块后，移动模板在原始图片上按特定步长滑动。每次移动后，模板区域内做直方图均衡，映射后的结果赋值给模板区域内所有点进行遍历，每个点会有多次赋值，最终的取值为这些赋值混色后的均值。算法具体流程如图 5–7 所示。

图5–7　自适应直方图均衡算法流程图

2. 图像分割算法

图像分割是一种从原始背景中将目标区域提取出来的过程。这些区域通常具有一些特征或符合某种规律而为人们所感兴趣，特征一般可以为灰度值、颜色分区、边缘纹理、形状直方图等。图像分割的结果是原始图像通过算法处理后，感兴趣的目标区域被保留，而其他无效信息则融入背景区域一起被二值化分割。

目前，可用于区域分割任务中的图像分割技术主要为传统的图像分割技术与基于深度学习的语义分割技术。传统图像分割技术需要预先设定阈值或其他人为干预方式，无法实现完全自动分割。基于深度学习的图像语义分割技术不需要人为设计特征，直接向深层网络输入大量原始图像数据，根据设计好的深度网络算法对图像数据进行复杂处理，以得到高层次的抽象特征，输出带有像素类别标签与输入图像同分辨率的分割图像。伴随着深度学习技术的不断发展，应用语义分割技术代替传统图像分割技术在目标分割任务中予以应用，逐渐成为新的趋势。

应用深度学习方法解决图像分割问题，是指基于卷积神经网络设计深度分割网络模型，将目标区域从背景中分离出来的过程。其中语义分割是当今计算机视觉领域解决图像分割问题最重要的方法之一。U–Net 语义分割网络是在 FCN 语义分割网络的基础上演变而来，适用于小规模样本数据的分割网络。不同于 FCN 语义分割网络逐点相加式的特征融合，U-Net 语义分割网络将各特征图在通道的维度拼接在一起，增加了特征图的深度，对特征获取得更加准确。

U-Net 网络是一种深度卷积网络，已成功应用于医学图像分割。与传统的 DL 模型不同，传统 DL 模型需要大量数据，而 U-Net 可以使用少量数据进行训练。除此之外，U-Net 不仅能够确认目标物体的存在，而且能够检测目标物体的精确形状。因此，可以采用 U-Net 网络对渠道区域进行分割，屏蔽渠道周边区域无关信息。

3. 目标检测算法

基于深度学习的目标检测算法主要是利用卷积神经网络建立算法模型，通过分类器对目标进行判断，检测速度、精度以及鲁棒性均优于传统的目标检测算法。基于深度学习的目标检测算法主要有两类：一类是基于区域的两阶段算法，这类算法通常是先在图像上划分区域，在不同的区域内进行具体的检测，区域的划分使得算法有较高的精度，但速度较低；另一类是基于回归的一阶段算法，这类算法不划分区域，而是通过回归计算进行识别和定位，与划分区域的算法比较，这类算法有较快的检测速度，但精度较低。

泵站渠道检测除了要求监测水面漂浮物外，还需要对特殊情况（如有人员落水）进行监测并及时预警，因此泵站渠道检测对检测速度有一定的要求，且 YOLO 算法对于背景误检率较低，所以其更适用于本项目的目标检测。在 YOLO 系列算法中，YOLOv5 是现今最先进的对象检测技术，并在推理速度上是目前最强，且易于配置环境，模型训练也非常快速，故可选用 YOLOv5 算法实现对泵站水池水面漂浮物及落水人员的监测、识别与分类。

目前，结合深度学习的渠道落叶 AI 识别分析算法已在智能化泵站前池、后池建设中有所应用。该算法能够实现对泵站渠道水面漂浮物的准确监测，且可以根据所定义的落叶覆盖率的换算规则对覆盖率进行精准估计，在遇到人员落水和无法清理异物时可以进行快速高效识别、预警，实现了 24 小时监控和检测，节省了泵站日常巡检所需要投入的人力资源，解决了人工巡检存在的盲时、盲区问题，是实现泵站智慧化建设的重要环节，对泵站实现智能化管理有着重要的作用。

5.4.3　边缘计算技术

视频监控系统在泵站智慧化总体系统建设中承担着相当比重的任务，发挥着重要的核心作用。与普通的视频监控系统不同，泵站智慧化建设中的视频监控系统需要完成大量的视频信息分析处理工作，如在泵站启停机过程中需要利用 AI 机器人对高压室设备运行状况、开关位置、指示灯状况、是否报警、柜体情况进行识别，并利用视频监控对高压室进线电压、模拟屏显示状况进行识别。如果采用传统的中心服务器加监控节点的星型网络架构，需要在信息处理过程中，将终端节点采集的视频数据传输到中心服务器进行处理，这将导致网络负担的急剧增加和网络时延的增大，且有限电能的网络边缘设备传输数据到云中心将消耗较大电能，进而对监控系统的性能和稳定性造成不利影响。

针对智能泵站建设对视频监控系统的特殊需求，在视频监控系统建设过程中，将采用边缘计算的网络架构。边缘计算属于一种分布式计算架构，边缘计算中的"边缘"是个相对的概念，指从数据源到云计算中心数据路径之间的任意计算资源和网络资源。边缘计算的基本理念是将计算任务在接近数据源的计算资源上运行，主要针对需要大量视频信息智能分析的应用场景，在网络边缘端的监控节点上，就近处理视频系统采集到的数据，视频数据经分析处理后，仅需要将分析得到的结果数据上传，而不需要将大量的视频数据上传到中心服务器进行处理。边缘计算架构的采用，减少了网络数据量，避免了由大量视频数据传输造成的网络负担加重和性能恶化。

边缘计算是指在网络边缘执行计算的一种新型计算模型，边缘计算中边缘的下行数据表示云服务，上行数据表示万物互联服务。边缘计算模型中，云计算中心不仅从数据库收集数据，也从传感器和智能设备（如 AI 机器人、视频监控设备、智能手机、计算机）等边缘设备收集数据。这些设备兼顾数据的生产者和使用者。因此，终端设备和云中心之间的请求传输是双向的。网络边缘设备不仅从云中心请求内容及服务，而且还可以执行部分计算任务，包括数据存储、处理、缓存、设备管理、隐私保护等。

前柳林泵站智慧化建设中，在智能巡检机器人、重点操作室中人员身份识别与权限确认、断路器手车状态监测、禁区闯入告警与安全帽监测等环节均设置边缘计算节点，在边缘端实现仪表盘读数分析、人脸特征识别、断路器开关状态识别、禁区闯入告警、安全帽监测等视频 AI 分析功能，经边缘计算节点的初步处理后，将分析结果上传中心服务器，完成相关的巡检功能。

5.4.4 双因子校验技术

在智能泵站的运行过程中，环境影响和设备稳定性等情况会导致泵站某些环节的监测数据产生异常或错误，如果异常情况不能被及时发现和排除，将导致泵站自动化系统基于错误的数据进行控制和执行，进而产生更加严重和不可接受的后果。因此，在泵站运行自动化和少人化的趋势下，智能泵站对信息监测环节可靠性的要求，较传统泵站大幅提升。

出于对智能泵站关键参数监测稳定性和可靠性的考虑，智能泵站建设过程中，常常对重要环节的关键参数采取冗余监测，即采用多种监测手段对同一个参数进行重复监测，通过不同监测手段和不同类型传感器特性的互补，保证监测信息的准确、可靠。在采用冗余监测的机制下，如何利用多种传感器的协同工作及时甄别异常信息，以及如何在正常情况下对多种传感器产生的数据进行融合，是需要解决的关键技术问题。

近年来，针对关键信息的冗余监测问题，各领域学者展开了广泛的研究，在不同应用场景取得了一定成果。王勇等人针对滑坡位移自动化监测的问题，采用卡尔曼滤波加最小二乘法进行多源数据融合，得到滑坡位移的预测曲线，提高了预警的准确率。喻凌峰针对隧道火灾监测报警的问题，先采用多传感器对隧道火灾进行数据采集，通过相关性函数对传感器支持度较低的数据进行删除，通过最小二乘法在中间站对来自同类传感器的多源数据进行局部融合，再利用 D-S 证据理论算法将局部最优融合数据进行全局融合，判断当前隧道内火灾的发生情况。截至目前，泵站运行管理中的冗余监测应用案例尚不多见。

针对智能泵站建设中的实际需求，通过构建双因子校验与数据融合的信息监测框架，实现了对智能泵站关键信息的冗余监测，在信息监测环节为智能泵站的可靠运行提供了技术保障。

不同类型的传感器的特性和性能存在较大差异，存在一定互补，因此，在泵站填料函温度和前后池水位的测量过程中，可以同时设置多种类型的测量手段，通过不同特性传感器间相互校验、相互配合形成冗余监测，保证智能泵站建设过程中关键信息监测的稳定可靠。

上述冗余监测的实现思路是：同时布设两路或多路不同类型的传感器，对同一个参数环节进行监测，通过对已确认正确的数据进行趋势分析，估计下一时刻参数最有可能的估计值；根据传感器过往的数据统计特性，设定合理的阈值，如果某一路的监测数据超出阈值，则认为该路监测信息出现异常；最后通过不同传感器的测量精度和设备可靠性等指标，对多路数据进行集成融合，形成最终监测的结果数据。冗余监测双因子校验架构如图 5-8 所示。

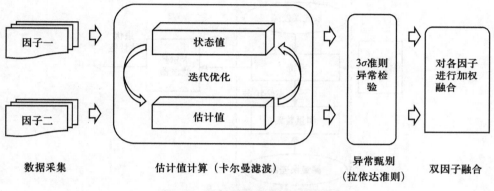

图5-8 冗余监测双因子校验架构

核心技术环节包括下一时刻参数估值的确定、传感器异常状态判断阈值的确定，以及多个传感器数据融合方法的确定。

1. 基于卡尔曼滤波的预测方法

在双因子校验过程中，需要确定参数正确取值作为校验的基准。由于观测对象如水位、温度等参数都处于不断变化的过程中，因此，需要根据对象参数值的变化趋势，预测参数在进行校验时刻的估计值。计算监测对象估计值通常采用各类滤波方法，泵站智慧化建设中可考虑用卡尔曼滤波的方法完成监测环节参数值的预测。

卡尔曼滤波作为一种数值估计优化方法，与应用领域的背景结合性很强。因此在应用卡尔曼滤波解决实际问题时，重要的不仅仅是算法的实现与优化问题，更重要的是利用获取的领域知识对被认识系统进行形式化描述，建立起精确的数学模型，再从这个模型出发，进行滤波器的设计与实现工作。其基本思想是以信号和噪声状态空间模型作为最佳估计标准，利用前一时刻的估计值和当前时刻的观测值来更新状态向量的估计值，找出当前时刻的估计值，并根据既定的系统方程和观测方程对最小平均方差进行估计。传统滤波算法有中位值滤波、算数平均滤波等方法。与传统的频域滤波不同，卡尔曼滤波的核心是预测和更新，是一种状态预测的时域滤波，对于关键信息的监测有一定的时效性，监测数据呈现出一种动态的过程。采用卡尔曼滤波去噪可以使数据更加精准，从而更客观地反映关键信息的预测值，为泵站的监测提供更科学有效的数据。卡尔曼滤波应用示意图见图 5-9。

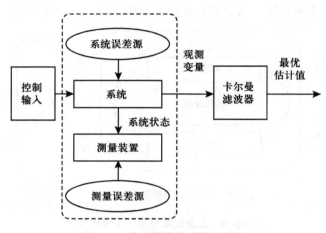

图5-9　卡尔曼滤波应用示意图

2. 基于拉依达准则的判别方法

传感器在实际的监测过程中，由于自身误差、安装状态、气温等环境噪声，会导致实际观测值围绕准确值上下波动，但上述波动是传感监测过程中的正常情况。在双因子校验的过程中，需要采用合适的异常判别准则，确定合理的阈值范围，将设备损坏等异常情况和正常的数值波动相区分，以便进行有效的异常甄别。

智慧化泵站建设中对异常数据判别法则可以采用拉依达准则，又称 3σ 准则，其适用于样本数量 $n \geqslant 10$ 并且可以计算样本数据 $\{X_i\}$（$i=1$，2，$\cdots$，n）的算术平均值和标准差 σ 的情况。针对服从正态分布的测量时间序列，对 $\{X_i\}$ 以 3σ 为控制限构建控制限区间（$\mu-3\sigma$，$\mu+3\sigma$）进行异常值识别。在智能泵站应用场景下，数据体量足够大且数据总体服从正态分布，故采用无须查表的简便的拉依达准则。双因子校验体系通过拉依达准则判别方法之后的输出会有 3 种情况。

3. 基于权重分配的数据融合方法

数据进行卡尔曼滤波和异常值甄别处理后，可以得到准确的双因子观测值，最后，需要对得到的两种不同的观测值进行数据融合，得到最终观测值。

在很多文献中，已经提出了一些有效的融合方法，但神经网络、贝叶斯决策等融合技术需要大量数据集进行建模，存在在线应用的局限性。基于权重分配的融合方法简单实用，精度满足要求，并且比较适合强实时应用场景，因此采用加权数据融合的方法。

针对 3 种双因子输出情况，权重分配也相应分为 3 种情况进行讨论：若输出两个值，分别给它们分配权重 a 和 b，初始值均为 1，然后采用基于置信度的方法来适当调整权重的大小，可以考虑各因子最优估计值方差的大小、设备精度等因素来进行适当调整，通过加权平均，最终得出最优估计值，即关键信息最终的一个估计值；若输出一个值，就无须分配权重，将这个值作为最终的最优估计值；若无输出值，则舍弃该点数据。

目前，双因子校验技术已经应用于前后池水位、机组填料函温度等关键参数的监测机制和数据处理。机组的填料函温度的测量手段包括光纤测温传感器和红外测温传感器，泵站的前后池水位的测量手段包括浮子式水位计或雷达水位计，多组数据共同检测，通过不同特性传感器间相互校验、相互配合形成冗余监测，保证了智能泵站建设过程中关键信息监测的稳定可靠。

本章主要介绍了传统泵站运行管理中启停控制、电气五防、日常巡检的操作流程及泵站运行管理的智能应用。传统泵站运行管理多为半自动化建设，因需要人工干预，所以存在许多不足之处。针对这些不足，本章提出了泵站智慧化建设的需求。此外，围绕所提出的需求，本章还着重介绍了泵站运行管理智慧化建设的主要技术：渠道落叶 AI 识别分析、边缘计算技术、双因子校验技术。这些技术的应用使得传统泵站的运行管理智能化水平得到了有效提升。

第6章 南水北调工程维修智慧化

6.1 泵站工程检修需求

泵站的工程检修主要包括电气设备检修、金属结构检修和泵站机组整体检修。

电气设备检修包括油浸式变压器检修、干式变压器检修、GIS（Gas Insulated Switchgear，气体绝缘开关设备）检修、高压开关柜检修、真空断路器检修、断路器操作机构检修、互感器检修、避雷器检修、电容器检修、低压开关柜检修、励磁系统检修、计算机监控系统检修、直流系统及蓄电池组检修共计13项。电气设备检修中每项都包括小修和大修，小修多数是每年一次，大修主要根据实际运行状态或运行时间开展。大修应注意推荐计划检修和状态检修相结合的检修策略。变压器检修项目应根据运行情况和状态评价结果进行动态调整。干式变压器结构简单，大修只有在发生故障，经综合判断确认必须大修和经解体大修可修复时进行。高压开关柜大修应根据运行情况和状态评价的结果进行。当真空断路器操作次数达到6 600次或达到开断额定短路电流（63 kA）20次时，应邀请制造厂对断路器进行全面检修测试，并根据测试结果确定大修时限及周期。互感器检修周期在投入运行后的5年内大修1次，以后每间隔10年进行一次，推荐计划检修和状态检修相结合的检修策略。避雷器存在严重缺陷影响安全运行时或发生故障后，应有针对性地进行临时性检修。电容器存在严重缺陷影响安全运行时或发生故障后，应有针对性地进行临时性检修。运行中的低压开关柜若发现异常状况应及时进行检修。除按制造厂要求进行日常维护保养外，每年应对计算机监控系统设备、软件程序及数据进行一次全面检修、调试和维护。泵站计算机监控系统运行过程中发生运行故障需及时处理。

　　金属结构检修包括闸门检修、启闭机检修、蝶阀检修、清污机检修。主要注意以下方面：闸门经过长期运行或运行中由于种种原因，常会出现某些缺陷或故障，严重的会影响闸门的安全运行。因此，不但要注意闸门的工作状态，及时进行保养维护，还应定期进行闸门检修。闸门的小修指对闸门有计划地养护性维修，以及对在定期检查工作中发现的问题而进行的统一处理。小修也称岁修，每年进行一次。大修是指闸门功能的恢复性维修。大修应对闸门门体结构变形、腐蚀情况、行走支承装置的运行状态、止水装置的工作效果等进行全面的技术检测和鉴定，并据此制订出大修项目内容和技术措施，一般闸门大修每 6~10 年进行一次。启闭机主要包括液压启闭机和卷扬式启闭机。液压启闭机的小修每年一次，周期性地对液压启闭机及管路、阀门等部件进行重点检查修理，同时根据平时运行缺陷记录进行缺陷处理。一般每 5 年或油泵运行达 2 000~5 000 h 时，进行液压启闭机系统大修，有计划地、全面地对液压启闭机各部件进行检查修理，同时对其存在的问题进行重点解体检修。卷扬式启闭机的小修，一般每年 1 次，新启闭机投入使用满 1 年，宜更换一次齿轮油。一般在投入运行后的 5 年内应大修一次，以后每隔 10 年大修一次。对运行频率过高或过低的启闭机，可结合设备实际运行状况，适当调整大修时间。如对运行次数少，累计时间短，并经综合检测状况良好的启闭机，可适当延长大修周期。

　　泵站机组整体检修主要是主机组检修。主机组大修是对主机组进行全面解体、检查和处理，更新易损件，修补磨损件，对机组的同轴度、摆度、垂直度（水平）、高程、中心和间隙等进行重新调整，消除机组运行过程中的重大缺陷，恢复机组各项技术指标。主机组大修可分为一般性大修和扩大性大修，一般性大修不吊出叶轮进行处理。扩大性大修除一般性大修项目外，还包括吊出叶轮解体检修、做静平衡试验和油压试验、机组重要部件的检修或更换，以及其他较大的技术革新、改造工作。扩大性大修一般应根据机组技术状态和需要来确定。主机组大修的解体和安装流程如图 6-1 和图 6-2 所示。

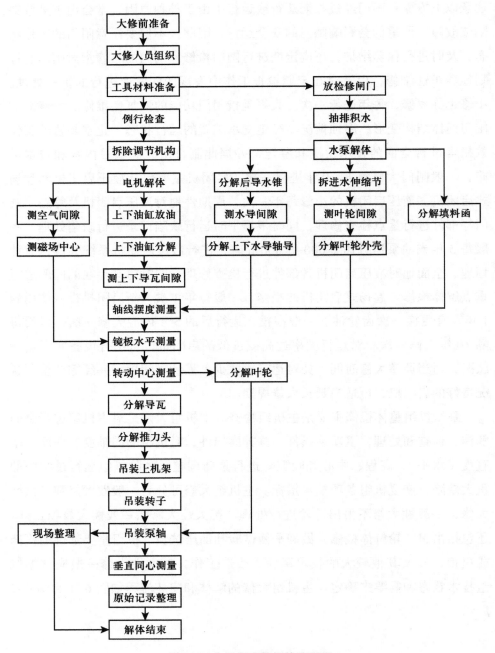

图6-1　主机组大修解体流程图

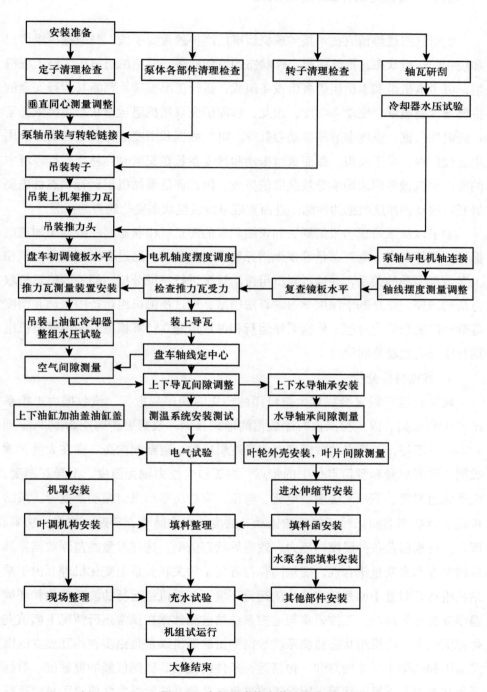

图6-2 主机组大修安装流程图

6.2 智能泵站机组健康监测

机组状态趋势预测技术是实现机组事前维护的重要手段，是根据机组历史和现在的运行状态，推测机组工作状态的发展趋势。泵站机组属于大型工程机组，由主电机组和水机组等多组设备组成，运行工况复杂。判断其运行安全的主要指标是温度、振动和摆度，因此，目前研究泵站机组运行状态主要依托于机组电气数据、温度参数和振动参数等。电气数据和温度这些参数在实际应用中比较成熟、易于获得，然而机组振动和摆度参数在获取时容易受运行环境中的噪声和机械等原因影响导致获取值失效，因此评估泵站机组运行状态首先要展开对振动和摆度数据的预测，进而实现泵站机组状态变化趋势的预测。

本书以从泵站现场采集到的和长期积累的海量机组状态时序数据（如机组振动、部件温度、电气总量等多个指标数据）为基础，通过研究温度和电气相关参数与振动的关系，并通过对机组振动情况进行特征分析、趋势等信息析取方法的研究，建立基于深度学习的算法模型，通过预测机组运行中振动和摆度等数据的复杂变化过程，依据泵站运行相关规定建立计算模型，实现泵站机组运行状态变化趋势的预测。

1. 数据特性分析

泵站自运行以来会积累大量可用的历史时间序列数据，该数据由工控系统产生和采集、以工控点位时序数据的形式存储，数据更新周期为 100 ms 到 1 000 ms 不等，工控点位数据存在业务逻辑松散、更新频次高、存在大量无效数据（中间变量和预留点位）的特点，主要包含推力轴瓦温度、上导瓦温度、定子绕组温度、下导瓦温度、电流、电压、有功功率和机组振动摆度等。泵站机组运行状态监测依赖于机组的振动、摆度、水力脉动、转速、相位、功率、流量、扬程以及各种温度、压力、效率等状态数据，这样海量的监测数据常具有时变性和多变量耦合性，变量间存在着复杂的关联关系与变化机理。由于泵站机组运行时处于剧烈动态变化的运行环境下，受机组运行的波动变化和环境温湿度变化等影响，工控采集与监控系统的监测数据在正常运行情况下幅值变化范围较大，电机组状态监测系统数据测量的随机误差是由多种相互独立的因素所引起的微小误差的总和，包括运行条件的波动、监测仪器的灵敏度、数据通信状态以及随机干扰等，因此工控采集与监控系统数据常常掩盖了机组运行的状态信息,这意味着在不同工况下机组运行状态差异性较大。

为了推演机组运行状态趋势变化,发掘机组运行状态与各变量间的关联关系,在以往的统计学方法中,泵站机组运行状态监测常用的分析方法为基于拉依达准则的方法,即将实时测量值与当前状态中值或均值进行对比,判断是否为异常状态。但从以往的研究来看,机组运行状态的长期数据并不遵循某一特定的数学分布,这是由于水电机组运行条件复杂,目前无法剔除所有变化中的影响因素(如工况、运行条件、环境变化和其他频率成分的干扰等),导致长时间的数据序列并非完全不受干扰的随机分布数据,从上到下分别展示振动摆度的原始数据、基于均值统计的异常数据、基于中值统计的异常数据和统计数据的概率分布情况。

2. Bi-LSTM 的泵站机组状态变化趋势预测

深度学习算法通常具有多层神经网络的结构,通过从底层到高层不断将数据对象抽象成算法更好理解的特征符号,同时通过反向传播的方式不断更新算法模型的参数,使得算法能够充分学习数据对象所具有的特性与规律,可以自动地获取数据的特征,从而大大提高特征提取的效率。在机组工控时序数据趋势预测研究中,首选的深度学习算法为 RNN(Recurrent Neural Network,循环神经网络)。RNN 之所以在时序数据上有着优异的表现是因为其将之前时间片的信息也用于计算当前时间片的内容,而传统模型的隐节点的输出只取决于当前时间片的输入特征。LSTM 设计(Long Short Term Memory,长短时记忆网络)的初衷是为了避免 RNN 网络长期依赖的缺陷,通过在隐藏层中加入单元状态来存储长期的状态,并保证信息顺序传输,是 RNN 的变种。LSTM 模型的核心在于通过三个门来添加、删除或者更新单元状态的数据,最终达到对信息流的控制。具体来说,层和点乘操作组成了所谓的"门",LSTM 模型拥有三个门,分别是输入门、输出门、遗忘门,这些门可以选择性地通过信息。所有的 LSTM 都具有重复神经网络模块的链式形式,且重复模块中以层与堆叠的方式进行交互,LSTM 的网络结构如图 6-3 所示。

其中,f_t 是遗忘门,决定前一时刻单元状态 c_{t-1} 中的信息哪些被保存到当前时刻的单元状态 c_t 中;i_t 是输入门,判断当前时刻哪些有用的信息需要被记录在单元状态里;o_t 是输出门,控制单元状态中输出多少信息到当前的输出值 h_t 中,各个门的计算公式如下。

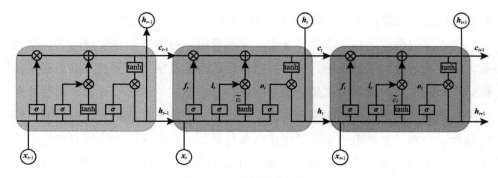

图6-3　LSTM网络结构图

$$f_t = \sigma\left(w_f \cdot [h_{t-1},\ x_t] + b_f\right) \tag{6.1}$$

$$i_t = \sigma\left(w_i \cdot [h_{t-1},\ x_t] + b_i\right) \tag{6.2}$$

$$o_t = \sigma\left(w_o \cdot [h_{t-1},\ x_t] + b_o\right) \tag{6.3}$$

其中，σ 代表 sigmoid 层，h_{t-1} 代表前一时刻的隐藏层的输出值，x_t 代表当前时刻的输入数据，$[h_{t-1},\ x_t]$ 代表把两个向量拼接在一起，w_f、w_i、w_o 分别代表遗忘门、输入门和输出门的权重矩阵，b_f、b_i、b_o 分别代表遗忘门、输入门和输出门的偏置项。LSTM 网络的最终输出 h_t 由 o_t 和单元状态 c_t 共同决定，计算公式如下。

$$\widetilde{c}_t = \tanh\left(w_c \cdot [h_{t-1}, x_t] + b_c\right) \tag{6.4}$$

$$c_t = f_t \cdot c_{t-1} + i_t \cdot \widetilde{c}_t \tag{6.5}$$

$$h_t = o_t \times \tanh(c_t) \tag{6.6}$$

其中，c 代表单元状态，c_{t-1} 代表前一时刻的单元状态，$\widetilde{c}_t$ 表示当前时刻的临时单元状态，b_c 代表单元状态的偏置，tanh 代表激活函数符号。

LSTM 模型通过门的作用使传统 RNN 梯度函数中的连乘项约等于 0 或者 1，当门的梯度约等于 0 时，模型认为前一时刻的数据信息对当前时刻无用，梯度不必继续回传。当门的梯度约等于 1 时，遗忘门趋于饱和，远距离梯度流在 LSTM 模型中顺利传递，以此解决 RNN 中的梯度消失问题。而前向的 LSTM 和后向的 LSTM 组合构成了 Bi-LSTM（Bidirectional LSTM，双向长短时记忆网络），该模型可以同时建模数据的上下文信息，有效利用输入数据的双向语义特征。因此，选择 Bi-LSTM 模型来实现机组运行状态变化趋势预测。

在泵站机组运行状态变化预测模型中，以泵站机组工控网机组温度参数

6 维、电气参数 9 维和水机参数 2 维共 17 维数据，以机组振动为预测回归数据，又因为泵站工控库中数据时间跨度大且采样频率高，这样的数据在短时间内不利于对机组运行状态变化趋势的预测，因此在训练时选其中两个泵站机组一年的运行状态数据作为训练数据，同时将数据按照 4 ∶ 1 的比例进行抽样稀释，删除因传感器故障等原因的无效数据后，最终得到 9 184 条有效数据，将训练数据按 80% 和 20% 划分训练集和测试集。振动数据从最大值到最小值在数值和数量上呈现出巨大差异，这样的数据直接用于训练模型，可能导致模型无法收敛，因此将数据进行批量归一化后加载到模型中进行训练，测试数据使用与训练数据相同的方法处理后作为测试数据。

训练过程结合实际机组运行情况，设置了多变量单时长滚动预测实验和多变量多时长滚动预测实验 2 个预测实验。多变量单时长滚动预测实验指的是使用当前时间点的机组温度等多维参数变量预测当前时刻机组振动情况。多变量多时长滚动预测实验指的是使用前 N 个时间点机组温度等参数预测当前时刻机组振动情况，并按时序顺序依次预测下一时刻振动情况。在实验中，构建 Bi-LSTM 模型，输入节点数设置为 18，隐藏节点数可设置为任意数，这里考虑实验平台性能，设置隐藏节点数为 100，LSTM 堆叠层设置为 5，并在模型最后一层使用线性全连接层进行趋势预测，批量大小设置为 2 000，学习率为 0.000 1，迭代次数为 2 000，模型优化器使用 Adam 算法。

常用的模型评价指标主要包括 MAE，MSE，R^2 和 $MAPE$ 等，为了更加全面、客观地评价模型的训练效果，通常采用多种评价指标综合进行评估。

MAE 通过计算两组数据之间的绝对误差来对数据之间的距离进行衡量。MAE 的计算公式如下所示。

$$MAE = \frac{1}{n}\sum_{i=1}^{n}\left|\tilde{y}_i - y_i\right| \tag{6.7}$$

其中，n 为批量大小；$\tilde{y}_i$ 为预测值；y_i 为真实值。

MSE 是通过计算两组数据间误差的算术平方根来衡量数据间的距离，相对于 MAE 的损失，MSE 更加关注数据中偏离较远的异常值，对异常值赋予更大的权重。MSE 的计算如下所示。

$$MSE = \frac{1}{n}\sum_{i=1}^{n}\left(\tilde{y}_i - y_i\right)^2 \tag{6.8}$$

MAPE 是通过两者绝对差与被比较值相除来对两者距离进行衡量，通过两者相除，MAPE 去掉量纲更具备普适性，因此在评估预测模型时得到广泛使用。MAPE 的计算公式如下所示。

$$MAPE = \frac{100\%}{n}\sum_{i=1}^{n}\frac{|\tilde{y}_i - y_i|}{y_i} \tag{6.9}$$

R^2 由分子分母两部分组成，分子表示预测值与真实值的平方差之和，分母表示期望值与均值的平方差之和。模型的回归性能越好，R^2 指标值越大。R^2 的计算公式如下所示。

$$R^2 = 1 - \frac{\sum_{i=1}^{n}(\tilde{y}_i - y_i)^2}{\sum_{i=1}^{n}(\overline{y_i} - y_i)^2} \tag{6.10}$$

其中，$\overline{y_i}$ 为批量样本均值。

在模型训练阶段，由于参与训练的数据为归一化后的数据，使用 MSE 误差更能体现预测值与真值间的损失，通过反馈可以优化模型的参数权重，误差随着迭代过程的进行而减小，同时选择 MAE、MAPE、R^2 以及单批次耗时为模型的评价指标体系，可以更全面地表达模型性能。

6.3 基于 VR/AR 技术的智能维修

加强日常维修保养工作不仅能有效降低设备故障率、减少维修成本，还可大幅减少停机时间和提升工作效率，对进一步搞好设备管理工作具有重要意义。维修管理方面，要采取灵活机动的策略，根据实际的生产需求对各站出勤的机组台数进行规定，并保证各个设备的安全运行。然而，随着设备的集成度、复杂度越来越高，操作人员的经验缺乏使得设备的维修维护变得越来越困难。但借助 VR（虚拟现实）技术和 AR（增强现实）技术就能够使复杂设备的维修、点检变得直观方便，并且能实现远程智能维修。

VR 技术是解决人员现场维修存在的安全风险和成本过高问题的重要方案。当维修人员戴上 VR 眼镜，他能看到机器的健康信息和数据库中的维修专业视频，眼中虚拟的教学动作可以让他游刃有余地解决现实中机器的问题，实现维修的动态交互。VR 技术是一种综合计算机图形技术、多媒体技术、人机交互技术、网络技术、立体显示技术及仿真技术等多种科学技术综合发展起来的计算机领域的最新技术，其特点在于可以创建和体验虚拟世界，使用户可以通过视、听、触等感知行为产生一种沉浸于虚拟环境的感觉并与虚拟环境相互作用，从而引起虚拟环境的实时变化。

虚拟维修是以 VR 技术为依托，在由计算机生成的、包含了产品数字样机与维修人员 3D 人体模型的虚拟场景中，为达到一定的维修目的，通过驱动人体模型或者采用人在回路的方式来完成整个维修过程仿真、生成虚拟的人机互动过程的综合性应用技术。它结合了计算机 VR 技术和维修性工程领域问题，突破了设备维修在空间和时间上的限制，可以实现逼真的设备拆装、故障维修等操作，提取生产设备的已有资料、状态数据，检验设备性能。

虚拟维修是虚拟现实技术在设备维修中的应用，在现代化煤矿、核电站等安全性要求高的场所或在设备快速抢修之前，进行维修预演和仿真，突破了设备维修在空间和时间上的限制，可以实现逼真的设备拆装、故障维修等操作，提取生产设备的已有资料、状态数据，检验设备性能。虚拟维修技术还可以通过仿真操作过程，统计维修作业的时间、维修工种的配置、维修工具的选择、设备部件拆卸的顺序、维修作业所需的空间、预计维修费用。

AR 技术是利用计算机算法，配合投影感应技术，实现的一种辅助人员进行分析判断的技术，可以作为维修辅助设备广泛应用于飞机维修领域。AR 技术不只是硬件设备，更是通过软件支持以及数据交互、云端交互来实现强大功能的技术。在实际工作当中，计算机系统首先通过虚拟仿真产生施工方案，自动生成相应的工具、设备以及工作标准等操作维修规程，并将操作规程通过虚拟影像展示在工作者 AR 智能眼镜上，实现维修工作的"所见即所得"。同时，可实时采集维修过程数据，极大提高维修人员工作效率、减少人为差错、提高维修质量。

随着 AR 技术和可穿戴设备技术发展，结合实时视频交互技术，实现远程视频协助应用领域日趋广泛。由人工智能技术、AR 智能眼镜与 AR 技术结合而设计的 AR 智能眼镜全终端工作辅助和培训系统包含实时指导、透明管理、个人教练和知识沉淀四个模块，尤其适合在智能化维修时使用。

实时指导：结合手册，可以将泵站维修工作程序或者操作规程的所有内容导入 AR 智能眼镜工作辅助系统内，利用 AR 技术实现操作规程的可视化、规范化，提高效率、降低成本、避免重复劳动。

透明管理：管理人员通过智能眼镜与维修计划系统、工时工卡管理系统、备件信息系统进行数据交换，对工作过程中从人到物的各个环节加以控制和管理，保证工作结果的高效率和高质量。AR智能眼镜工作辅助系统可以实现维修人员的绩效、技能的考核，同时对操作规程规定的各种设备实现智能管理。

个人教练：将维修操作规程规定的所有工作程序或者工卡导入AR智能眼镜工作辅助系统内，利用AR技术实现可视化、规范化，让学习场景与工作场景融为一体，真正实现交互式实操培训。根据个人能力的不同，强化培训重点，改变培训的评估模式，解决传统在线理论学习和实际脱节的问题，摆脱"学时不能用，用时不能学"和"遗忘曲线"的困境，实现智能化培训。

知识沉淀：AR眼镜能实时捕获员工维修过程中好的经验和技能，对一线员工维修大数据进行收集与分析，让辅助工作系统成为维修知识管理的过滤器、分析器和沉淀器，实现知识管理的智能化，形成非常专业的知识库。

AR智能眼镜全终端工作辅助和培训系统不仅是一套数字化工具和系统平台，其核心的价值是"以人为中心"的大数据采集、过滤、分析、输出的智能引擎，使用越多，数据积累越多，最终成为生产、管理、决策的大脑之一，同时也是机器学习应用的典型案例，它对"以人为中心"产生的人、设备、环境等大数据进行分析和预测，可以降低生产成本、优化业务流程、提升工作效率、预防事故发生，对员工进行精确的个性化培训、沉淀知识等。

传统VR技术可以为用户创造另一个世界，使其沉浸在虚拟世界。而AR技术则是把计算机带入用户的真实世界中，从技术层面实现"以人为本"。两者存在明显的差异。AR技术不仅展现了真实世界的信息，而且将虚拟的信息同时显示出来，实现两种信息相互补充、叠加，使真实的环境和虚拟的物体实时地叠加到了同一个画面或空间同时存在。简而言之，用户可以通过AR技术扩展自己的真实世界，直接看见真实世界中看不见的虚拟物体或信息。通过AR技术和VR技术，我们可以轻松判断哪些设备运转不正常，同时结合数据分析，可以实现预防性的设备维护。随着老龄化社会的来临，具备熟练技术经验的工人越来越少。通过采用AR和VR技术，即使是能力一般、经验不足的"菜鸟"，也可以准确地完成各种各样的现场维护作业，有助于技术、经验的传承。此举可转变原有的设备维修维护的方式，将被动维修变为主动维修，提升维修效率，保障质量。

AR实景监控驾驶舱主要是借助主厂房的视频监控，以主厂房的视频监控为背景，通过不同的形式展示出电机层、联轴层、人孔层、水泵层各层实时监测的重要数据。通过振动标签展示出电机层、水泵层各个机组的振动在X向、Y向、Z向不同方向的实时变化曲线和实时数据统计表，通过切换不同的标签展示不同机组和各层的振动数据；通过摆度标签展示出联轴层四个机组的X方向摆度和Y方向的摆度实时变化曲线和实时数据统计表，通过切换不同机组标签展示不同机组的摆度变化数据；通过噪声标签展示电机层、联轴层、水泵层各个层的噪声实时变化曲线和实时数据统计表，通过切换不同的标签展示不同机组和各层的噪声数据；通过转速标签展示联轴层四个机组转速的实时变化曲线和实时数据统计表，通过切换不同机组的标签展示不同机组的转速变化曲线及转速实时数据统计表；通过温度标签能够看到下导轴瓦温度、推力轴瓦温度、定子绕线温度、上导轴瓦温度、上油缸油温、下油缸油温、填料函温度（光纤测温）、填料函温度（红外测温）；通过气味标签能够展示高压软启电缆夹层和低压配电室电缆夹层的总烃和臭氧的实时变化曲线和实时数据统计表，通过切换不同的标签进行数据转换；通过技术供水标签主要展示的是水源热泵1#红外测温及光纤测温温度数据、水源热泵2#红外测温及光纤测温温度数据、技术供水泵1#和技术供水泵2#红外测温温度数据等，并且通过切换1#、2#、3#、4#机组标签展示不同机组的泵出口压力、冷却水压力、上导瓦冷却水温度、下导瓦冷却水温度。

6.4　智能化的设备管理与维修

1. 智能泵站的设备管理平台

为实现泵站系统设备的智能化管理，须建立设备管理平台和模块。设备管理包括设备基本信息配置、设备列表、维护记录、维修记录四个功能模块。在设备基本信息配置模块可以动态配置属性和部件的基本信息，实现添加、删除、编辑设备的属性与部件；在设备列表里可以查看所有设备的基本信息、附件、部件信息、设备二维码等，可以添加、批量删除、导入、导出设备信息；在维护记录中可以查看设备的历史维护记录，添加、编辑、导出设备维护记录信息；维修记录与维护记录一样可以查看、添加、编辑、导出设备的维修记录。

设备基本信息配置模块，左侧设备属性维护有四级目录。一级目录：站点名称；二级目录：所属类型；三级目录：所属系统；四级目录：所属分类。左侧树每一级目录都可实现增加、修改、删除子节点，叶子节点不可增加；中间部分为左侧树所属分类的属性和部件，可以自由添加、编辑属性和部件，还有一些内置的属性；右侧为属性、部件的配置包括基本信息设置、输入参数设置、显示参数设置三种类型，可以对属性包括内置的属性和部件信息进行删除和编辑。左侧树：点击某泵站的"⊕"可以添加所属类型，和机闸设备并列显示，点击修改按钮可以修改此泵站名称，点击删除按钮可删除此泵站该级下所有的目录；点击所属分类叶子节点技术供水时，中间部分会展示技术供水设备的属性和部件信息；中间部分会默认展示该设备的内置属性，如设备名称、规格型号、出厂日期、生产厂家、水务码、安装位置、使用状态、技术参数、投运日期、是否备机等；点击每一个属性的名称时，右侧会相应出现每一个属性的配置信息，点击属性的"⊕"，可以自定义添加属性和编辑属性名称，点击属性的"⊖"可以隐藏所有的属性；点击部件的"⊕"，可以自动添加部件名称，部件名称下自动附属属性和部件按钮，点击属性按钮的"⊕"又可以添加属性和修改属性的名称；以此类推，递归添加；点击"输入界面配置"按钮，中间部分会切换到分组界面，实现拖拉拽调整组里面属性的顺序；右侧属性配置内容都可编辑，点击保存按钮，会保存当前属性配置的内容，点击重置会清空所有的属性配置内容，内置属性会回到原始配置的界面，点击删除按钮，会删除该设备的属性。

设备列表界面，左侧树和设备基本信息配置一样，右边最上面为部分属性的检索功能，下面为该设备的列表，包含设备添加、批量删除、导入、导出、模板、编辑、查看设备二维码信息、删除单个设备等功能模块。点击左侧树的叶子节点技术供水，右边才会出现相对应的设备列表。点击"查询"按钮可以按照设备名称、设备编号、使用状态、投运日期等检索设备信息；点击"重置"按钮可以重置所有的查询信息；点击"新增"按钮会进入新增页面。点击左边每一个部件名称的时候右侧出来对应的部件信息，右边表格默认展示第一个部件，若第一个部件下又有子部件则展示第一个部件下的第一个子部件，以此类推。点击新增页面"＞"按钮可以回到设备列表页；点击"批量删除"可以在设备列表表格最左侧有选择地勾选，批量删除设备信息；点击"模板"按钮，可以自动导出当前设备的所有属性字段，在 Excel 中编辑；点击"导入"按钮，可以导入在 Excel 中编辑好的设备列表信息；点击"导出"按钮，可以批量导出所有的设备信息，也可以导出单条设备信息记录；点击"查看"按钮，会弹出包含设备二维码的信息，扫设备二维码可以进入小程序端；点击"×"按钮，会关闭基本信息；点击"编辑"按钮会切换到和新增页面一样的编辑页面。

在维护记录界面可以按维护时间、维护类型检索设备的维护记录，包含查看、添加、下载、编辑等功能模块。左侧树和设备基本信息配置一样，在右侧主体部分，点击"查询"按钮，可以按维护时间、维护类型进行查询；点击"添加"按钮，会添加一条新的维护记录；点击"下载"按钮，弹出下载提示框，可以批量下载或下载单条维护记录；点击"编辑"按钮对该条维护记录进行编辑；点击"查看"按钮可以进行查看；点击"取消"按钮，可以关闭添加页面；点击"保存"按钮可以保存当前添加的一条维护记录。

在维修记录界面可以按维修时间检索设备维修记录，包含查看、添加、下载、编辑等功能模块。左侧树和设备基本信息配置一样，在右侧主体部分，点击"查询"按钮，可以按维修时间进行查询；点击"添加"按钮，会添加一条新的维修记录；点击"下载"按钮，弹出下载提示框，可以批量下载或下载单条维修记录；点击"编辑"按钮可对该条维修记录进行编辑；点击"查看"按钮可以进行查看；点击"取消"按钮，可以关闭添加页面；点击"保存"按钮可以保存当前添加的一条维修记录。

2. 泵站设备的智能维修管理

设备智能维修管理方面，要采取灵活机动的策略，根据实际的生产需求对各站出勤的机组台数进行规定，并要保证各个设备的安全运行。因此，在设备检修过程中，要围绕运行的机组进行合理的安排，以此确保运行机组的安全。预防性的实验可以从一年一次改为两年一次，适当取消一些项目，这样一来，能够在资金不变的情况下，更高质量地保证机组的正常上水生产状况。目前，泵站维修指导多采用传统维修技术手册指导和专家现场指导方式，这种维修方式使维修周期增加，甚至导致工作停滞。将 VR 技术和 AR 技术混合形成 MR

（Mixed Reality，混合现实）技术的发展，为设备故障维修指导提出了新的解决思路。MR 技术具有良好的便携性，结合语音、手势和视线的交互方式使其具备了虚实场景中实时交互与指导的潜力，能够更好地指导机电设备维修过程。以数据为核心的 DT（Digital Twin，数字孪生）技术是构建 MR 辅助维修解决方案的核心驱动力，是连接真实维修物理环境和虚拟维修场景的纽带。

数字孪生技术同时定义了由物理实体、数字实体及两者之间的连接组成的三维模型，该技术最早被应用于航空航天领域的全生命周期管理。陶飞团队提出的数字孪生五维模型，在三维模型基础上增加了服务系统和孪生数据，并结合企业实际应用对数字孪生车间制造等展开研究，为数字孪生生产制造应用提供了理论基础和技术支撑。在虚拟维护方面，可通过创建物理设备的数字孪生体，结合设备可靠性参数和实时状态监测数据实现设备的预测性维护。在泵站领域，"虚实同步、数据驱动、远程干预、人机协作"泵站机电设备远程操控策略，实现了监测数据驱动虚拟交互设备的远程操控，并针对常见的泵站机电设备虚拟远程操控技术展开研究。结果表明，数字孪生技术的引入有效提升了设备运行状态数据和维修过程数据在 MR 辅助维修指导决策的价值，提高了设备维修指导过程的可靠性。

要实现泵站设备智能化管理与维修，还需要进一步加强泵站设备的信息分类编码等工作。设备信息分类编码是智能泵站信息管理的一个重要工作，其核心是将信息分类编码标准化技术应用到具体的泵站管理中，实现泵站管理过程中信息系统数据采集、数据交换与资源共享过程中信息的一致性和兼容性。所谓的编码工作就是对大量的信息进行合理分类，然后用代码加以表示。将信息分类编码以标准的形式发布，就构成了标准信息分类编码或称标准信息分类代码。

数据孪生体系中的智能故障诊断技术主要包括实时预测、结果验证、数字孪生模型修正、深度学习模型重构四个部分。通过数据驱动的故障诊断方法对离心泵机组的振动信号进行实时预测，再利用模型驱动的方式对诊断结果进行验证，从而保证了诊断结果的可靠性。若诊断结果准确，则对数字孪生模型进行修正；反之，则对深度学习模型重构。在深度学习模型重构之后，重新进行故障预测，直到诊断结果准确后停止。

为实现泵站机组检修过程的三维可视化、加强对安装检修人员的技术指导和培训，运用 3ds Max 软件对泵站厂房和机组进行分块建模，再结合 VS2010、osg、QT、Premiere 等软件，利用三维动画技术、虚拟装配技术、三维交互技术和虚拟现实技术，研发大中型泵站机组检修过程的三维仿真培训系统，创建机组检修模型库，实现机组检修过程的多媒体演示功能、模拟训练功能和技能鉴定等功能，打造大中型泵站机组拆装操作的全新仿真演练平台。该系统不仅提供了真实感强的三维演示动画，展现了灵活、准确的交互漫游环境，而且可以对学员的技能进行系统的鉴定，强化培训效果。该系统有效地解决了泵站检修人员培训的难题，为泵站的标准化检修提供了参考。可以对水泵系统进行 1∶1 还原三维可视化建模，展现出管网的基本形态、布线、位置、走向等信息，为当下实时管理与后期维保提供有力的数据支持。同时，实时监控水泵生产状态，在设备发生异常时系统自动监测并报警，方便运维人员及时排查、发现并修复问题。通过精准的三维可视化模型，可以在可视化系统中分层、分色、分类展现排水、新风管线、中央空调管线、强弱电管线等各类设备数据，并可获取各个设备的数据信息，便于员工培训及后期维修定位到每一根管线及管件。

立体化报修渠道：平台支持二维码报修渠道，使用手机扫码即可上传设备报修请求。来自不同设备终端的请求，系统将生成工单集中统一处理。

实时化服务进度：管理人员不需要通过电话或微信询问服务情况，而是可以通过电脑端、手机端实时掌控报修服务进展，售后管理轻松。

可视化服务监管：工作人员可填写故障现象、维修措施、使用备件、服务项目，并且可将维修前、维修后情况拍照上传，服务数据在管理端、客户端可实时查看。

快速化协同处理：客服人员、维修工程师快速协同处理客户请求。可设置工单的处理时限，如工单处理延迟，系统将自动记录。

设备全生命周期管理：设备安装、维修、巡检、保养的历史记录都可以追溯。扫码后界面支持查询设备过往维修记录和健康状况，让工作人员全方位了解设备信息，快速了解故障部件位置及解决措施。

企业可将产品维修、设备保养、问题诊断等知识经验形成知识库，便于企业内部进行经验交流、人员培训。系统可为机组设备生成报修二维码（一物一码），可将报修二维码做成产品铭牌贴在产品机身上，用户通过扫描报修二维码可快速发起服务请求，方便快捷。机组设备二维码成为识别设备的电子身份码。用户扫码可获取机组设备的基本信息、配置参数、相关视频、使用说明；用户扫码可系统追溯机组设备的安装、维修、保养全生命周期活动；用户扫码可查询机组设备的电子报修卡、查看设备的相关视频；用户扫码可发起机组设备的报修、报装、保养请求。

3. 泵站设备的日常维修

泵站设备有一定的寿命周期，日常维修保养是增加设备寿命的最佳方法。维修大致可分为日常报修、备品备件管理、设备健康管理3部分。日常报修即按一定的流程上报故障机器型号寻求维修服务，维修可分为小修和大修，小修主要包括：根据制造厂和规程规范要求定期对主机组进行检查、维修和养护；大修是对主机组进行全面解体、检查和处理，更新易损件，修补磨损件。备品备件管理即对泵站仓库中现有的可用机器备件建立一个完备的数据库，方便查询耗材剩余和部署零件分配。设备健康管理即对每个设备进行编号并建立各自的信息数据库，泵站按照国家规范标准对设备进行评级，并在每次评级后扫二维码更新输入系统，实时更新设备信息数据库，使得任一员工扫码时都能看到设备完整生命周期内的评级信息。

第 7 章　南水北调安全管理智慧化

安全管理是安全部门的基本职能，通过运用多种手段，协调社会经济发展与生产的关系，处理国民经济各部门、各社会集团和个人有关安全问题的相互关系，使社会经济发展在满足人们的物质和文化生活需要的同时，满足社会和个人对安全的要求，保证社会经济活动和生产科研活动的顺利进行和有效发展。

随着社会进步，智慧化泵站建设近些年实现了较快的发展，对于泵站的安全管理也给予了一定重视，对科学、全面的管理工作给予了大力支持。泵站的安全管理工作主要分为生产安全管理和园区安全管理，生产安全管理直接影响到泵站整体运行的效果，而园区安全管理是生产安全管理的前提条件，在确保园区的安全稳定下，才能实现泵站正常生产的工作。因此，为了能够从根本上保障泵站安全运行，需要对泵站当前的运作体系有充分的了解，明确传统的泵站工作方式，并根据当今的时代发展方向，指出泵站未来的建设路线。同时，也需要准确分析当今泵站在安全管理中存在的不足，并结合先进技术，提出较为完善的管理措施，提升安全运行管理技术，保证管理效果，为更好地促进泵站安全、稳定运行提供支持，实现泵站的智慧化安全管理。

7.1　生产安全管理

安全生产是保护劳动者的安全健康和国家财产、促进社会生产力发展的基本保证，也是保证社会主义经济发展，进一步实行改革开放的基本条件。因此，做好安全生产工作具有重要的意义。由于泵站自身的结构特点和运行需求，保证泵站的运行稳定性是基本要求，也是安全生产管理中比较重要的一部分。针对这种情况，要从技术的角度详细了解并分析当前泵站安全生产的现状，并针对当前泵站安全生产管理中存在的弊端，采用相关的智慧化解决方案，实现泵站生产安全的智慧化建设。

7.1.1 生产安全管理的现状

在泵站的日常运行中，生产安全管理十分重要，但传统泵站对于生产安全管理采用的方式主要以人工巡检为主，通过建立生产安全小组，采用值班巡逻的方式对泵站各个部位进行检查，对于泵站各设备运行时的数据，也需要人工进行采集。

泵站机组设备工作具有设备运行复杂、专业性强、大件设备多、作业程序繁、安全作业风险点较多等特点，对生产安全提出了较高要求。为了减少生产安全事故，泵站建立了生产安全小组，主要检查泵站工作人员在工作中存在的安全隐患以及泵站运行时各设备的运行状况。生产安全小组既要满足减少工作中产生的人员伤亡，也要时刻掌握泵站运行时的运行状况，以避免设备在运行时出现损坏。由于泵站设备多、运行复杂，泵站生产安全小组的工作量相对较大，需要的工作人员也随之增多，给泵站整体的运行工作增加了一定难度。

泵站生产安全小组由泵站负责人、技术负责人及安全员组成。生产安全小组根据人员的变化情况，应及时进行调整和充实，并向上级报备。根据泵站的实际情况，将泵站划分为几个区域，由小组长带领各自小组检查负责区域，在进行检查工作时要记录各个设备的工作数据，并记录保留下来，方便日后查看。重点要记录数据的设备及位置主要有：高压室和低压室下的电缆夹层，检测电缆状态；电机和水泵运行时声音和振动状态；人孔层水源热泵电机温度、水泵层技术供水电机温度；泵站一层、负一层、负二层等重要设备运行层产生的噪声是否正常。且在巡逻检查各个设备运作状态数据的同时，也要时刻检查泵站工作人员的工作行为是否符合规定。比如：高压室和户外配电区工作时，工作人员是否按规定佩戴绝缘手套；在高压室、主厂房等重要区域工作时，工作人员是否佩戴安全帽等。生产安全小组一旦发现有违规操作时，要对工作人员进行相应的处罚记过处理。并且要根据泵站的实际情况，制订检查的频率，发挥泵站在生产工作中的安全保障作用。

泵站生产安全小组的工作方式，虽然可以在一定程度上降低泵站生产中的安全隐患，但其主要是以人力为主，取得的结果和投入的人力、物力不成正比，既耗时又费力，并且存在许多弊端，所以应将泵站的生产安全管理与当今的高新技术相结合，实现泵站生产安全管理智慧化。

7.1.2 生产安全管理的不足和智慧化需求

随着时代的进步，传统的安全生产小组方式已经逐渐被时代抛弃，正在被智能化的泵站检测系统所代替。传统的生产安全管理主要存在的问题：巡逻时间不连续，不能实现对泵站设备和人员工作的 24 小时不间断检查；泵站各设备运行状况的数据采集，采用人工观测抄送的方式，存在一定的不准确性。为了改善泵站的使用效果，有关方面要结合不同区域的具体条件，选用高效型的设备，注重开发与之相适应的自动化技术，加强标准化管理，建立信息化的网络监控。扩大资讯分享的途径，促进信息快速传输，加强信息技术的应用，建立泵站安全运行风险预警系统。将信息化技术融入理论中，以达到更深层的泵站建设安全运行管理水平。利用信息技术，建立泵站安全管理与风险预警系统，并对其进行全面评估，提高泵站的安全性和管理水平，使各泵站的数据和信息相互连接，对泵站进行有机集成技术管理、物料管理、人员管理、环境管理、机械设备管理等。基于信息的早期报警，设置具体的预设条件，制订安全操作紧急计划，提升安全操作的紧急反应，建立健全泵站的安全运行风险预警体系。

泵站采用人工巡检的方式对设备和工作人员进行检查，难以实现 24 小时不间断的监测，并且检查的结果也存在一定的偶然性，因此泵站可以通过采用智慧化的监控系统对设备和人员进行 24 小时不间断的监测，即通过在一些特定区域安装摄像头采集画面，利用目标检测算法对所需要检测的设备或人员进行 24 小时的监控，一旦发现设备有异常情况或人员有违规操作则立即进行报警处理，第一时间提醒操作人员终止操作，以避免对泵站的正常运作产生影响。这种利用智慧化设备代替人力的方式，既可以减少人力物力的投入，也可以在很大程度上提升工作效率，实现泵站智慧化建设。

泵站运行时各设备的数据以人工观测的方式来采集，不仅不能不间断地观测，也难以避免工作人员抄送时的失误，造成不必要的影响。为实现智慧化建设，泵站可以通过传感器来采集相关的设备数据，并搭建相应的操作系统，对采集的设备数据进行统计，利用计算机代替人脑的方式对数据进行分析，进而检测设备运行是否正常，实现泵站数据采集的智慧化建设。

目前，随着智慧泵站建设的发展，在智慧泵站中已经采用了很多先进的科技成果，推进泵站的智慧化建设。

7.2　园区安全管理

园区安全管理是泵站正常运作的安全保障，实现泵站的正常生产运作，需要一套合理的园区安全管理方式。传统的管理方式主要是以目视化标语、人工巡检等方式实现，这样的管理方式已经不能满足当前泵站的智慧化需求，需要以当前泵站园区管理存在的不足为建设的出发点，进一步研究如何利用当今的科技产物，提升泵站园区管理的智慧化水平。

7.2.1　园区安全管理的现状

园区安全管理是泵站正常工作运行的前提保障，保障泵站园区的安全管理，才能实现泵站的正常生产工作。为贯彻落实《中华人民共和国安全生产法》和《国务院安委会关于深入开展企业安全生产标准化建设的指导意见》（安委〔2011〕4号）等要求，要加强和规范泵站安全管理，进一步提高安全生产基础管理水平，推进安全生产标准化建设，营造安全生产文化及氛围，构建具有行业特色的现场标准化规范。

在园区安全管理工作中，针对园区的安全管理规划较为盲目、建设较为粗放、发展呈现无序混乱的问题，传统泵站的园区管理主要采用目视化标语、人工巡检的方式来实现对泵站园区的管理工作。

目视标语管理是利用形象直观、色彩适宜的各种视觉感知信息组织现场生产活动，达到提高劳动生产率目的的一种管理方式。以视觉信号为基本手段，以公开化为基本原则，尽可能地将管理者的要求和意图让大家都看得见，借以推动自主管理、自我控制。目视管理是一种以公开化和视觉显示为特征的管理方式，实行目视管理，对园区安全管理的各种要求可以做到公开化，干什么、怎样干、干多少、什么时间干、在何处干等问题一目了然，有利于人们默契配合、互相监督，使违反劳动纪律的现象不容易隐藏。传统泵站在园区内建设安全色、场外目视标准化、场区道路目视标准化、安全文化目视标准化、办公及作业场所目视化、消防目视化、应急疏散目视化、物品及物料管理目视化、作业管理目视化、设备设施管理目视化，通过 10 个方面的目视化建设保障园区内的安全管理。

人工巡检对于泵站的园区安全管理也十分重要。因为泵站的园区范围比较大，所以需要在园区内采用人工巡检的方式，对园区内各个设施进行定期检查，排除安全隐患。在检查过程中要严格按照全覆盖、零容忍、严执法、重实效的总要求，把集中开展大检查作为当前安全管理工作的首要任务，全面深入排查治理各类安全生产隐患，堵塞安全监管漏洞，强化安全监管举措。传统泵站的园区大门，主要采用门卫执勤的方式来登记出入人员和车辆，由于是人力执勤，容易造成监管疏忽，进而对园区造成不必要的损害，且对出入人员和车辆的信息登记也不及时，无法第一时间传入信息管理系统，与其他系统进行信息共享。

传统的泵站园区管理在一定程度上避免了许多危险事件的发生，并为园区的安全提供了保障，但是这样的管理方式效率比较低，距离实现智慧化泵站尚存在一定的差距，因此园区管理方式还需要进一步优化。

7.2.2　园区安全管理的不足和智慧化需求

当今泵站园区的安全管理方式主要以传统方式为主，但是随着时代的进步，这种传统的管理方式已经远远不能满足时代的需求，许多泵站已经探索由传统的管理方式转向智慧化管理的方式。当泵站的园区安全管理与当今现代科技相结合后，传统的泵站园区安全管理方式的弊端也一一显露出来：泵站内每个子系统是相互独立的，在没有建设智慧园区管理系统之前，园区内各个系统都是相互独立的，无法进行统一的集中管理和数据分析；传统的管理方式需要大量人力资源投入，对于泵站园区，园区内的每个部分都需要有专门的管理人员负责，如果彼此之间沟通不到位，园区的服务和管理工作将存在滞后问题。

因此，应针对上述问题进行泵站园区安全管理的智慧化建设。

（1）针对泵站信息无法统一进行管理的问题，建设统一整合信息系统，使得每个子系统都独立管理，而整合系统可以对其所有子系统进行统一的管控，达到分开控制、集中管理的目的。建立一个大的操作系统，将泵站内的相关操作系统都统一起来，如建立一个总体的监控系统，将每个区域的监控都集成在一个操作界面，操作人员可以通过系统界面选择所要查看的区域，使得系统操作更加灵活便捷。

（2）利用计算机的智能运算处理来代替人工。在泵站的重点监测区域设置视频监控，并将视频监控画面传入后台进行算法分析处理，当监测到画面中存在闯入人员时，平台立即进行报警工作，提示并警告闯入人员离开危险区域。

7.3　安全管理智慧化

现在的智慧化泵站已经在许多方面与现代科技水平相结合，采用多种热门技术解决传统泵站所存在的问题。如今采用智能的安全帽检测系统和绝缘手套检测系统，可以完全代替人工巡逻的方式，对泵站必要区域检测人员安全帽和绝缘手套的佩戴情况，对未按规定进行佩戴的人员进行提示告警，并做好相关信息的记录。人员轨迹检测系统可以根据人员的运动情况，自动分析出人员的位置，进而推理出人员的移动轨迹，对泵站的安全管理有十分重要的作用。智能门禁系统的应用完全取代了人工执勤的管理方式，实现园区门口无人管理，并且可以将信息在第一时间上传到信息中心，供其他系统参考使用。远程专家支持系统则在一定程度上解决了泵站专家不在现场，难以第一时间处理泵站运作时出现的问题，通过远程交流指导操作，大大提升了泵站处理问题的效率和能力。下面详细介绍几种系统在泵站安全管理中的实际应用。

7.3.1　安全帽检测

在泵站室内场景下，各种复杂的大型设备遍布，出于安全管理规定和对人员生命安全的考虑，要求进入泵站重点区域如高压室、主厂房的人员佩戴安全帽。由于部分人员的安全防范意识薄弱，经常会出现未佩戴安全帽的情况，当前泵站管理处一般会派遣安全员对进入泵站的人员进行监督，然而这种监管方式存在人力成本高、效率低下等问题。

随着视频监控技术的发展，基于视频监控的安全帽检测技术逐渐成为研究的热点，国内外学者进行了诸多相关的研究，目前主要有传统检测方法和基于深度学习的方法。传统检测方法通常在形态学操作的基础上利用颜色、形状特征检测安全帽。但由于传统检测算法适用的场景比较理想且多为户外施工现场，在复杂环境下的检测精度较低，因此不适用于泵站场景下的安全帽检测。

深度学习技术的发展，为安全帽检测提供了新的方向。黄渝文改进 LeNet_5，提出了一种并行双路卷积神经网络方法来识别人体，再通过颜色特征识别安全帽，但是对远距离小目标检测效果不佳。何慧敏通过构建多层卷积神经网络对人体进行检测，再通过结合颜色和 HOG 特征识别安全帽，检测效果有所提升，但是对于人员之间相互遮挡和物体对人遮挡的情况效果不佳。上述方法虽然较传统方法精度有明显提升，但是难以适用于泵站场景下的遮挡、小目标和灯光误检等情况。

针对上述情况，以 YOLOv5 算法建立的目标检测模型为基础，设计基于注意力机制的特征提取网络，使得模型更关注小目标通道信息。同时增加一个检测层提升多尺度学习能力，同时引入负样本扩充机制，扩充易误检的灯光区域样本进行训练。模型的整体结构如图 7-1 所示。

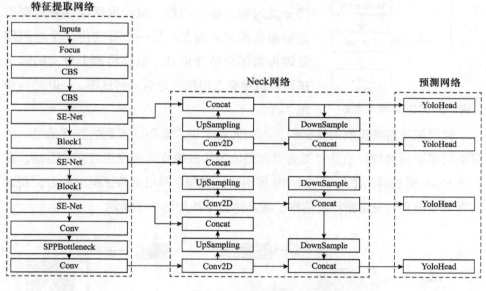

图7-1　网络结构图

输入的原始图像首先经过 Focus 结构，其主要作用是从高分辨率的图像中抽取像素点重构到低分辨率图像中获得独立的特征层，再经过通道堆叠后可以将宽高信息集中到通道信息中，从而达到增强输入图像感受野、降低模型计算量的作用，其具体结构如图 7-2 所示。

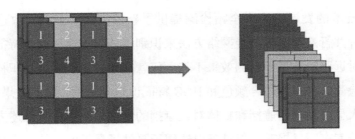

图7-2　Focus结构示意图

经过 Focus 结构后的特征图分别经过 4 个 block 模块进行特征提取，进一

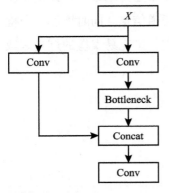

图7-3　CSP结构示意图

步降低图像的尺寸。每个 block 模块由 4 个卷积层和 1 个 CSP 结构组成，用来进行安全帽特征的细致化提取。其中 CSP 结构包含 2 个分支，第一个分支使用多个卷积层进行特征提取并用残差结构将分支的输入输出相连，减少因网络层数过深引起的梯度消失的现象；另一个分支由一个卷积层处理保留部分特征信息，最终将两个分支的结果进行通道堆叠获得融合之后的特征图。CSP 结构如图 7-3 所示。

利用深层网络提取的特征图，不同的通道包含着不同类别的特征信息，学习不同通道间的特征信息对提高安全帽检测的准确度具有重要意义。因此，在每个 block 模块后面增加了一个 SE 层用于提高深层网络的特征提取能力，获取具有更强语义的安全帽特征信息。其具体的结构如图 7-4 所示。

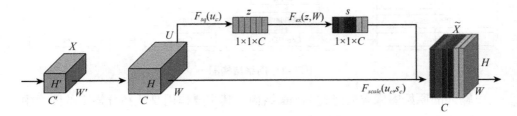

图7-4　SE-Net结构示意图

输入一个大小为 $C'W'H'$ 的特征图 X，经过卷积映射后变为大小为 CWH 的特征图 U，在空间维度上提高模型的感受野。然后将特征图 U 分成 2 个分支，其中一个分支进行挤压和激励操作，另一个分支对特征图进行重标定。挤压

模块主要是利用全局池化层对通道进行压缩获取全局空间信息，提高对全局目标特征的提取能力。激励模块主要是通过全连接层和非线性层获取通道间的关系，将不同通道的安全帽特征信息结合起来。重标定模块将输入特征图中每个通道与注意力向量中的元素相乘来提高模型对通道特征的敏感性。相较于传统卷积池化操作默认不同通道占有的重要性是相同的，引入注意力机制后能够使模型聚焦于强语义安全帽特征通道的信息，提高整体特征的提取能力，用于Neck网络的特征融合。

原始的 YOLO 系列算法建立的目标检测模型的 Neck 部分使用的是骨干网络提取的 3 个尺度不同的特征层进行不同尺度的特征融合。其中浅层特征图具有弱语义、分辨率高和几何细节表征能力强等特点，而深层特征图具有强语义、分辨率低和几何细节表征能力弱的特点，采用特征融合的方法能够使得模型学习到不同尺度的语义信息。鉴于泵站场景下的人员会随着活动范围的不同，在监控画面中出现的尺寸大小也会不一，为了使模型能够从不同大小的目标特征中获取更多的语义信息，在 Neck 网络增加一次上采样，获得大小为 160×160 的特征层，再将所有的特征层与骨干网络提取的特征相融合，使得模型能够结合多级特征。因此，最终获得四个大小分别为 20×20、40×40、80×80 和 160×160 的特征层作为检测头的输入，用于不同尺度大小的预测，其具体结构如图 7-5 所示。

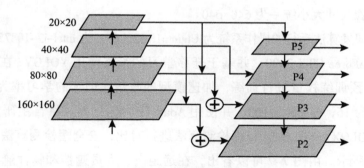

图7-5　改进型Neck网络结构示意图

对于泵站室内场景下存在设备灯光的颜色和安全帽颜色相近，容易被误检为小目标下的安全帽的情况，自主研发安全帽检测算法采用扩充负样本的方式减少误检情况。YOLO 系列的算法本身会生成负样本，一般是选择 IOU<0.3 样本作为负样本进行训练，但是并不会生成不包含真实样本的负样本图像。因

此，对产生误检的灯光区域图像进行切片处理，通过数据增强的方式扩充负样本，加入原有的模型重新进行训练，负样本具体情况如图7-6所示。

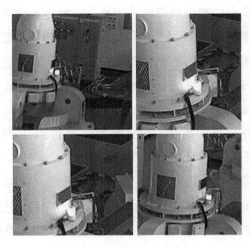

图7-6　扩充的负样本图像

自主研发算法采用的数据集为在前柳林泵站监控下实地拍摄的图片，共1 800张图片，包含佩戴安全帽和未佩戴安全帽两种类别的目标。为防止网络训练时出现过拟合的情况，通过左右翻转、平移、拉伸、旋转和裁剪等方式对数据样本进行扩充，最终将数据集扩充到7 213张。通过图像标注软件LabelImg进行图像标注，并按照8∶1∶1的比例划分训练集、验证集和测试集，输入的图像尺寸大小统一为640×640。

自主研发算法运行的操作系统为Ubuntu18.02，CPU为intel-i7-10875，GPU为NVIDIA GeForce RTX 3090，并基于迁移学习的策略使用YOLOV5在COCO数据集上的预训练权重进行训练，加速模型的收敛，训练的学习率为0.000 7，batchsize为16，epoch为100，并使用Adam作为优化器。将自主研发算法与常见的YOLOX、YOLOv5s目标检测算法进行对比，安全帽检测算法效果对比如图7-7所示。由图7-7可以看出，在远距离、人员遮挡和物体遮挡的情况下，其他的算法均有漏检目标的情况出现，证明自主研发算法在复杂的泵站场景下，安全帽检测效果要优于其他常见目标检测算法。基础的YOLOX和YOLOv5S算法在小目标、物体遮挡、人员遮挡、灯光误检这4种情况下，均存在误检和漏检现象，检测准确率差。自主研发的安全帽检测算法，在以上4种情况下都可以准确地检测到人员是否佩戴安全帽，准确性很强。

自主研发算法　　　　　　YOLOX 算法　　　　　YOLOv5s 算法
（a）小目标

自主研发算法　　　　　　YOLOX 算法　　　　　YOLOv5s 算法
（b）物体遮挡

自主研发算法　　　　　　YOLOX 算法　　　　　YOLOv5s 算法
（c）人员遮挡

自主研发算法　　　　　　YOLOX 算法　　　　　YOLOv5s 算法
（d）灯光误检

图7-7　安全帽检测算法效果对比图

7.3.2 绝缘手套检测

泵站的高压室作为高压用电的重点区域，目前常采用的监管措施是派遣安全监督人员进行巡检，然而这种监管方式对人员的安全意识依赖比较大，存在监管困难、效率低等问题。

随着计算机技术的不断发展，许多学者对基于监控视频的绝缘手套佩戴检测方法进行了相关的研究，目前的方法主要包括传统检测方法和基于深度学习的方法。传统方法通常是采用形态学操作并在此基础上结合颜色、形状特征检测绝缘手套。由于传统检测方法适用场景比较理想，容易受到光照、颜色差异以及尺度大小等因素的影响，因此检测的准确度有待提高。深度学习技术的发展，也为绝缘手套佩戴检测提供了新的思路。JIN M 等人通过改进 VGG-16 网络，提出了一种基于卷积神经网络的绝缘手套佩戴检测模型，但是存在漏检的问题。ZHAO B 等人通过改进 YOLOv3，提出了一种结合伽马变换的绝缘手套佩戴检测算法，成功提高了在不同光照下的绝缘手套佩戴检测精度。但是上述研究方法在遮挡造成的目标特征不全、小尺寸目标等情况下，存在着检测精度不高的问题。

鉴于 YOLO 系列的算法在目标检测中具有良好的准确度和检测速度，所提算法以 YOLOX 为基础，在特征提取网络中融入 SCAM 算法的注意力机制增强边缘特征提取能力，并将特征提取网络的最后一层替换成 M-MHSA 模块来提升模型全局信息，提高遮挡等情况下的特征提取效果，最后通过增加一个小目标检测层和加权双向特征金字塔结构，提高小尺度目标的特征融合效果。

绝缘手套检测网络主要分为特征提取网络、Neck 网络和预测网络三个部分。在特征提取网络中融入 SCAM 注意力机制模块，通过通道注意力机制提升对目标内容特征的提取能力，同时采用空间注意力机制提升对目标位置信息的定位能力；并在末端引入 M-MHSA 模块，结合 Transformer 的多头注意力机制提升模型对全局信息的提取能力。在 Neck 网络中采用 BiFPN 结构取代传统的 PANet 结构用于加快多尺度特征的融合，最终送入 YOLOHead 中进行目标的预测，进而最终完成对绝缘手套的检测，整体结构如图 7-8 所示。

输入图像首先经过 Focus 结构进行通道信息堆叠来达到扩大感受野并降低计算量的作用。图像经 Focus 模块后通过由 Conv 模块和 CSPLayer 模块组成的 4 个结构体进行特征的细致化提取。为了抑制特征提取过程中一般特征的干扰，在 CSPLayer 结构中引入 SCAM 注意力机制，主要包括通道注意力模块和空间注意力模块，其具体结构如图 7-9 所示。

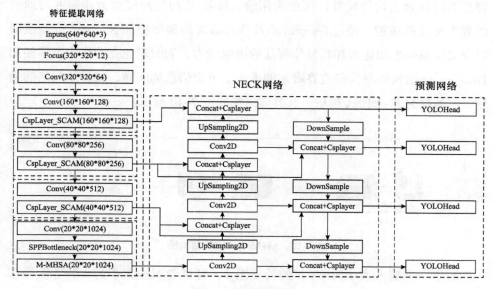

图7-8　网络结构图

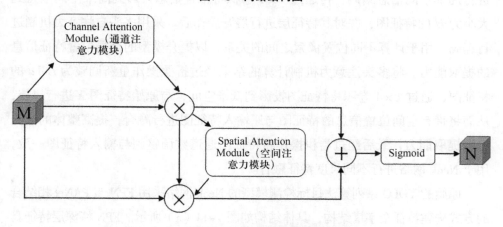

图7-9　SCAM注意力机制模块结构图

　　输入特征 M 首先经过通道注意力模块，通过最大池化和平均池化压缩特征图空间维度，获取对应的最大池化特征和平均池化特征，经过多层感知机生成基于通道注意力特征权重，并与输入特征相乘获得通道注意力特征图，从而提升对目标内容特征的提取能力。其次，通道注意力特征图经过空间注意力模块获得对应的空间注意力权重，通过与通道注意力特征图相乘获得空间注意力特征图，提升对目标位置信息的定位能力。由于通道注意力特征图与原始输入特征 M 相比具有更多语义信息，可能使得注意力区域更加聚集且感受野变小，容易忽略注意力边缘特征，因此采用输入特征 M 与空间注意力相乘并与通道注意力特征图相加，经过 Sigmoid 函数获得最终的输出特征 N。为了提高模型对全局信息的感知能力和对整体特征的提取能力，同时避免在网络中过早使用 Transformer 结构强制回归边界带来的丢失上下文信息的问题，将骨干网络的最后一层替换为 M–MHSA 模块，其具体结构如图 7–10 所示。

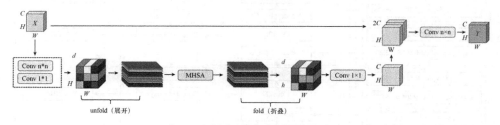

图7-10　M–MHSA模块结构图

对于一个输入大小为 CWH 的特征图 X，经过卷积核大小为 3 的卷积操作进行局部空间信息编码，再通过 1×1 卷积将张量信息投影到高维空间中得到大小为 H 的特征图，并对其特征层进行展开操作后，采用多头自注意力机制进行编码，用于计算不同位置像素之间的关系，以提升模型的全局位置特征信息的提取能力。将多头注意力机制计算的结果经过折叠操作重新调整为 HWd 的特征图，通过 1×1 卷积将特征图投影到低维空间，与原始特征图 X 进行拼接，从而将带有空间位置信息的特征图与原输入特征图进行融合，提高整体的全局特征提取能力，最后经过卷积操作将特征图通道数调整到与输入特征图一致，用于 Neck 网络进行不同尺度特征融合。

原始的 YOLO 系列算法目标检测模型的 Neck 网络采用 FPN 与 PANet 相结合的方式构建特征金字塔结构，具体结构如图 7–11（a）所示。FPN 将深层特征具有的强语义信息传递到浅层特征中，而 PANet 将浅层特征具有的强位置信息传递到深层特征中，通过 FPN 和 PANet 的结合实现不同尺寸大小检测层的参数聚合，最终实现不同层级之间的特征融合。其中 PANet 的输入均为 FPN 处理过的特征信息而缺少骨干网络提取的原始特征信息，这就可能导致学习偏差，在特征融合时会存在特征信息丢失的问题。因此采用 BiFPN 结构对特征金字塔进行改进，具体结构如图 7–11（b）所示。首先筛去只有一个输入端和一个输出端的节点，如果此时输入节点和输出节点在同一层，则向 PANet 节点引入对应骨干网络的原始特征层用于多尺度特征的融合。此时 PANet 的输入由 FPN 处理的特征信息和原始特征信息组合而成，原始特征提取网络的特征信息参与计算能够降低不同尺寸特征融合的信息丢失问题，提高模型对不同尺寸大小目标的识别效果，经过 BiFPN 融合后的特征送入 YOLOHead 进行目标预测。

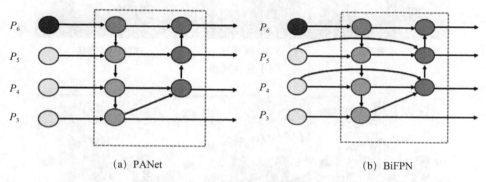

(a) PANet　　　　　　　　　　　　(b) BiFPN

图7-11　不同特征金字塔结构图

　　本文算法采用的数据集为高压室和室外配电区拍摄的图片，共 3 519 张图片，其中包含佩戴绝缘手套和未佩戴绝缘手套两种类别的目标。为避免在网络训练的时候出现过拟合的现象，采用拉伸、平移、旋转等方法对数据样本进行数据增强，最终将数据集扩充到了 9 726 张。通过图像标注软件 LabelImg 进行标注，并按照 8∶1∶1 的比例划分训练集、验证集和测试集，输入图像的大小为 640×640。

　　实验运行的操作系统为 Ubuntu 20.04，CPU 为 intel-i9-12900K，GPU 为 NVIDIA GeForce 3090。训练的学习率为 0.000 6，Batchsize 大小为 32，epoch 为 100，并且使用 Adam 作为优化器。并与常见的 YOLOX、YOLOv5s 等目标检测算法进行对比，具体效果如图 7-12 所示，本文所研发算法在物体遮挡情况下，可以准确地检测到两个手套，而 YOLOX 和 YOLv5s 只能检测到一个手套；在特征不全的情况下，本文算法可以检测到戴手套操作员未被遮挡的两根手指，而 YOLOX 和 YOLOv5s 算法则无法检测到；在小尺度目标的情况下，本文算法在人员距离较远、手部目标很小时，可以准确地检测到双手，而 YOLOX 和 YOLOv5s 算法在手部目标过小时无法检测到，存在漏检现象。

本文方法　　　　　YOLOX 算法　　　　　YOLOv5 算法

（a）物体遮挡

本文方法　　　　　YOLOX 算法　　　　　YOLOv5 算法

（b）特征不全

本文方法　　　　　YOLOX 算法　　　　　YOLOv5 算法

（c）小尺度目标

图7-12　绝缘手套检测效果对比图

7.3.3　人员轨迹检测

如今，对于人员运动特征的提取方法主要有两种：一种是基于人工观察和统计的方法，该方法耗时耗力且误差较大；另一种是基于计算机视觉的图像处理方法，即通过获取的实验视频对行人运动进行识别和跟踪，进一步获取人员的运动参数，该方法高效且准确率高。针对真实场景下多个运动行人目标识别和追踪问题，基于计算机视觉技术，探究运动行人目标检测的算法，提出基于视频图像处理技术的人员运动轨迹提取方法。该方法能够有效地应用于多个运动行人目标检测，并快速地获取真实复杂场景下的行人运动轨迹，为泵站智能监控系统对危险区域人员监测提供了有效的技术手段。

首先，对视频帧图像进行归一化处理，实现对大部分监控视频的兼容；其次，通过融合帧图像的高分辨率和低分辨率特征，构造基于深度卷积网络的高分辨率网络模型，该模型对于人体关键点检测的整体准确率为84.2%，与其他人体关键点检测网络对比有更高的准确率，并且对于较难检查的膝关节、髋关节等关键点也具有较好的检测效果；最后，采用 Tensor RT 技术对高分辨率网络模型进行加速，实现对监控视频的实时处理。

基于高分辨率特征融合网络模型设计视频 ID 追踪、跌倒检查和越界检测方法，实现对视频中目标人物行为的实时监测和分析。首先，利用高分辨率特征融合网络获取视频中目标人物的关键点；其次，计算视频相邻帧之间的关键点的余弦距离，对小于阈值的目标分配相同 ID，实现对视频中目标人物的追踪；再次，利用支持向量机算法对关键点检测的结果进行分类，检测视频中人物是否存在跌倒行为，该算法对跌倒检测的准确率为96.3%，召回率为92.5%，能够避免假阳性对预警系统的干扰；最后，通过分析视频中人物的移动方向，判定人物是否对事先标定的越界区域存在越界行为，并对越界现象进行预警。

具体采用边缘 AI 识别技术，对电机层、后池区域进行人员闯入识别，若有人员闯入黄色区域和河道内，区域内喇叭会自动警告，减少意外情况发生的频次，增强安全保障。识别技术采用了基于特征融合的高分辨率人体关键点检测网络，基于该网络设计了视频 ID 追踪、跌倒检查和越界检测三种方法，并以这些方法为基础构建了智能泵站监控视频实时分析系统。

系统集成了选取视频、获取图像帧、图像预处理、关键点检测、ID 追踪、跌倒检测和越界预警等功能，可以通过交互按钮实现相关功能的打开和关闭。

用户可以使用本系统对泵站中多个摄像头记录的视频数据进行实时分析，并对可疑人员轨迹进行预警。如高空作业和封闭空间作业中人员，要采取规范的防护措施，不得在作业中途离开工作地点。再如泵站机组、设备厂房中特定设备的下方及主要通道口为安全生产的违禁区域，禁止人员进入或站立，需要24小时对这些区域进行监控，设置违规闯入视频监控并在前端实时分析，当监控发现有人违规闯入，前端进行语音播报提示人员尽快离开，同时将告警数据传输到视频平台及业务平台。

该视频监控安全分析系统能够有效地对监控视频进行自动分析，实现对视频中目标人物的追踪、跌倒检测以及越界检测，能够较好地满足泵站监管需求。实时查看人员轨迹情况，根据人员出现在摄像头中的位置绘制人员轨迹。人员轨迹系统操作页面如图7-13所示。

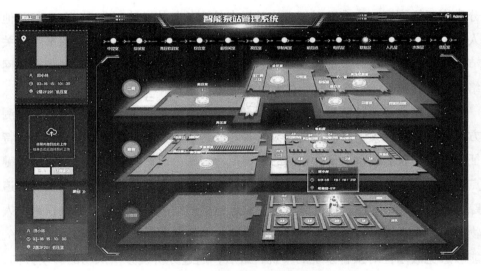

图7-13　人员轨迹系统操作界面

7.3.4　智能门禁系统

随着物联网与其他高新技术的蓬勃发展，智能社会的建设被提上日程。智能门禁系统是智能社会建设和物联网建设的典型代表，已经在诸多领域得到应用，并取得了良好的社会效益和经济效益。门禁控制系统是采用现代电子与信息技术控制建筑物内外的出入，对人（或物）的进出实行放行、拒绝、记录和报警等操作的一种电子自动化系统。门禁系统通过在建筑物内主要管理区的重要部位的通道口安装门磁、电控锁或控制器、读卡器等控制装置，并设管理人员在中心控制室监控，能够对各通道口的位置、通行对象、通行时间及通行方向进行实时控制或设定程序控制，从而实现对出入口的安全控制。

RFID（射频识别）技术利用射频信号通过空间耦合（电磁感应或电磁传播）的方式来实现信息无接触式传递，并且与标识物进行信息的交换以达到识别物体的目的。现今，RFID 技术已经被广泛应用到各个领域，如商流、物流、信息和资金等方面，并以前所未有的速度迅猛发展，引起了许多国家的重视。与此同时，RFID 技术在门禁管理系统方面的研究与开发也趋向成熟。

泵站智能门禁系统采用一种基于 RFID 及移动端的智能门禁管理系统方案，具体工作可分为三个模块来进行设计，即硬件设计、软件设计以及人体生物识别智能门禁系统。

硬件设计部分采用 RFID 技术作为读写器的核心技术，自动完成对非接触式 IC 卡的数据读写和存储，识别过程中没有人工干预，且适应环境良好。一方面读写器与射频卡进行交互，实现门禁系统的硬件控制；另一方面读写器又与管理系统进行数据交互，实现进出人员信息的记录与更新。

软件设计部分由系统管理、门禁管理、信息管理、后勤人员管理、信息查询统计 5 大模块组成。设计并开发门禁系统的后台管理系统以及移动终端应用软件。其中，后台管理系统采用了主流的 B/S 结构，数据库使用了 Oracle。后台管理系统是整个门禁管理系统的大脑，负责各项数据的记录、用户的出入情况以及各个门禁的运行状态控制等。在移动终端部分采用 NFC（近场通信）技术实现移动端与门禁系统的交互：一方面，用户可以通过装备 NFC 技术的移动端来实现考勤；另一方面，作为管理系统的移动端，其支持管理系统的所有功能，给用户及后台管理人员带来了极大的便捷。

以团城湖管理处为例，访客（非职工人员）及车辆在进入管理处之前，先进行信息报备，包括访客的姓名、身份证号、手机号、车辆信息、到访时间、离开时间等，将这些信息存入 Excel 中，上传到管理员进行审核。管理员审核访客信息，若访客信息合格，则审核通过，并将信息输入到门禁管理系统；若访客信息不合格，则反馈给访客。访客到访须刷身份证验证信息，将信息上传到门禁管理系统，验证访客的信息是否报备，若报备通过，则门禁打开；若没有报备，则异常报警。访客进入管理处之后，管理处的摄像头进行人像录入，可根据人脸轨迹追踪进行访客轨迹跟踪。最后，访客及车辆可直接离开，无须再次进行身份认证。

基于 RFID 和人脸识别技术的高安全性、高智能化的门禁系统，是在通过 RFID 初步认证的基础上，利用人脸识别技术进一步确认进入人员的真实身份的一种高精度、快速认证的人体生物识别智能门禁系统。当使用者进入门禁系统检测范围时，系统会自动获取使用者的身份信息以确定其是否为合法用户，同时启动摄像机获取人脸图像并实施人脸认证，还可以记录进出人员信息并对非法入侵者发出报警信号。对于双人作业区域（如高压室），须保证具有资格的两人同时进入，此处门禁为多人脸识别门禁，机器须在同一界面核实至少两人人脸并在数据库中对比，只有两人都是作业员工时门禁才会开启，保障作业安全。其余场所（如中控室、综保室、综合室、高压软启室、电机层、翻板闸室、节制闸室、低压室、食堂储物间、档案室）都为单人脸门禁。在解锁人脸识别功能后，高清摄像头对来访者的面部进行拍摄，并将图像传输到系统内部进行特征提取，与先前存储的特征进行比对认证。每班次人员定时更新值班人员，保证正确的人在正确的时间出现在正确的位置。

7.3.5 远程专家支持系统

泵站机组的良好状态是泵站安全生产的关键。通过对机组的定期巡检和不定期抽检，能够及时获取机组状态，进而判断机组状态是否满足安全生产的需要，这也是泵站重要的日常工作之一。目前，泵站设备在无监控状况下运行，一方面，工作量大且较为复杂，而操作人员业务能力参差不齐，很难实时解决问题；另一方面，操作人员心理和身体承受巨大压力，也容易给泵站安全生产和设备运行带来极大的安全隐患。如果能在操作人员的安全头盔内安装集成需要的传感器及控制器，将现场故障数据远程传送到控制台，再由高级技工诊断并解决问题，可以大大提高故障处理效率。若再加上定位功能，可实现操作人员工作状况的目标定位和监测数据传输，实现监控平台对操作人员工作环境的实时安全评估。

远程专家支持系统主要由专家指挥端和单兵头盔端组成，专家指挥端的作用为视频和数据的接入、存储、分析、高级技工指挥；单兵头盔端的作用为目标定位以及视频和数据的采集、暂存和传输。远程专家支持系统的主要功能包括：定位功能实现对操作人员的轨迹追踪，实时追踪故障的准确地点；搭载可见光及红外摄像机，可本地存储视频数据，同时通过视频融合通信，实时上传至监控平台；实现专家远程指导维修维护、语音通话、视频通话，并实时存储视频数据。

专家系统通常由专家知识库、推理机、解释机、人机接口、综合数据库等组成。专家知识库是专家系统的关键组成部分，将泵站领域专家的丰富专业知识进行数字化处理；推理机是专家系统的核心，通过实时分析采集的数据，并依据一定的流程而形成的一套完整的推理过程；解释机是对数据处理的结果进行解释匹配的过程；人机接口用于实现基础信息维护、结果可视化展示等，便于人机交互；综合数据库用于存储基础信息、配置数据、公式、采集数据、推理结果和专家知识等数据。

系统的硬件组成主要包括 PLC、模型客户端、交换机、振动服务器、系统服务器。其中，PLC 为底层单元，连接各传感器、控制器等；模型客户端提供丰富的人机交互界面；振动服务器分析高速采集卡采集的机组振动数据，并将振动分析结果上传至系统服务器；系统服务器实现对 PLC 数据采集和控制、算法处理、通信服务等。

根据需求分析和实际应用条件，系统采用 C/S 和 B/S 混合模式开发，既提高了系统的可靠性，又提供了丰富的展示方式。系统实时采集机组的运行数据，如流量、压力、液位、振动、温度、电气状态等，并存入实时数据库；实时对所采集的数据进行预处理、分析，将分析结果保存至关系数据库，过程数据和结果数据分开存储。该模式具有数据处理速度快、响应度高、稳定性好、能够有效执行复杂的算法、满足多客户端访问需求的优点。

在线故障诊断系统功能主要包含泵站监测、故障诊断、分析评价、历史查询、系统维护、统计报表等。振动分析：实时分析采集机组的振动、摆度等信号，通过时域和频域分析，提取特征参数，分析与振动有关的故障类别，如不对中、不平衡等，并将结果实时传输至故障诊断应用系统，供综合分析和诊断。故障诊断是基于专家系统的数字化模型，预先在系统中建立专家知识库，通过对实时数据的预处理、自适应回归分析、稳定性判断等，综合分析机组的故障类型、故障原因和维护意见。客户端以图形化的方式将模型分析出的诊断结果向监控人员呈现。远程专家支持系统框架图如图 7-14 所示。

现场工作者　　　　双向富媒体交互　　　　后台专家　　　知识车积累　　大数据

图7-14　远程专家支持系统框架图

　　本章围绕传统泵站的生产安全管理和园区安全管理因人工巡检所带来的不足，提出了泵站安全管理的智慧化需求及智慧化建设方法。通过在厂区中应用安全帽检测、绝缘手套检测、人员轨迹检测技术、布设智能门禁及远程专家支持系统，实现以机代人、以机减人的智慧化建设目标，完成本泵站安全管理的智慧化建设。

参考文献

[1] 许可, 陈云飞. 粒子群算法研究概述 [J]. 福建电脑, 2015, 31 (9): 83-84.

[2] 郑立平, 郝忠孝. 遗传算法理论综述 [J]. 计算机工程与应用, 2003, 39 (21): 50-53, 96.

[3] 申林. 水泵调度的多阶段线性规划优化 [J]. 水利建设与管理, 2021, 41 (9): 23-27.

[4] 徐维晖, 刘清欣, 胡孟. 用"动态规划法"优化调度梯级泵站机组 [J]. 陕西工学院学报, 2004 (3): 83-87, 94.

[5] 汪安南, 丘传忻. 水泵优化选型的整数规划法 [J]. 农田水利与小水电, 1991 (12): 18-21, 48.

[6] 陶东, 李娜, 肖若富, 等. 多级提水泵站优化调度研究 [J]. 中国农村水利水电, 2020 (5): 123-127.

[7] 刘攀, 郭生练, 李玮, 等. 遗传算法在水库调度中的应用综述 [J]. 水利水电科技进展, 2006 (4): 78-83.

[8] 吴阮彬. 基于改进遗传算法的泵站优化调度研究 [J]. 水利科技与经济, 2022, 28 (4): 63-67.

[9] 陈欣. 梯级泵站优化调度系统的设计与实现 [D]. 武汉: 武汉邮电科学研究院, 2018.

[10] 杜现奇. 正定泵站水泵机组启停和供电线路倒换基本操作程序 [J]. 河北水利, 2019 (11): 48.

[11] 马得清, 王恩浩, 邵欣洋, 等. 电气五防装置存在的问题和对策分析 [J]. 中国设备工程, 2021 (11): 160-161.

[12] 唐演, 潘凯. 浅析智能巡检系统在大型泵站中的应用 [J]. 治淮, 2020 (11): 68-70.

［13］唐锚，刘秋生，万烁．南水北调北京团城湖智能泵站建设实践与思考［J］．中国水利，2022（23）：43-45．

［14］刘麒，尹港，王影，等．基于深度学习的水面漂浮物识别算法设计［J］．吉林化工学院学报，2022，39（7）：28-33．

［15］王勇，董欣悦，刘先林，等．针对滑坡位移监测的数据预处理方法研究[J]．西部交通科技，2022（3）：11-13，185．

［16］喻凌峰．基于多传感器数据融合的隧道火灾监测报警技术研究［J］．隧道建设（中英文），2022，42（z2）：261-266．

［17］赵宾．面向智能装备的边缘计算及应用的研究［D］．青岛：青岛大学，2020．

［18］龙仁波，高井祥，王坚．基于双因子抗差卡尔曼滤波在动态导航中的应用［J］．全球定位系统，2011，36（3）：36-38，70．

［19］陶飞，刘蔚然，刘检华，等．数字孪生及其应用探索［J］．计算机集成制造系统，2018，24（1）：1-18．

［20］吕淑然，田琦．基于 DEMATEL-ANP-GRA 的大型泵站运行安全综合评价［J］．安全与环境学报，2022，22（4）：1729-1735．

［21］潘杰．智慧化工园区安全生产应急管理平台设计与研究［J］．石化技术，2022，29（11）：232-234．

［22］干佳馨，蔡振宇，黄蔚，等．智慧泵站一体化平台在水利工程中的应用研究［J］．珠江水运，2022（24）：34-36．

［23］黄愉文，潘迪夫．基于并行双路卷积神经网络的安全帽识别[J]．企业技术开发（学术版），2018，37（3）：24-27，47．

［24］何慧敏，林志贤，郭太良．基于卷积神经网络的行人安全帽自动识别［J］．有线电视技术，2018（3）：104-108．

［25］刘喜文，何岗，杨贤文，等．基于智能视频图像分析的安全帽识别［J］．计算机工程与设计，2020，41（5）：1464-1471．

［26］JIN M，CHEN X W，LAI G S，et al.Glove detection system based on VGG-16 network[C].2020 13th International Symposium on Computational Intelligence and Design（ISCID），2020：172-175．

［27］ZHAO B N，LAN H J，NIU Z W，et al. Detection and Location of Safety Protective

Wear in Power Substation Operation Using Wear–Enhanced YOLOv3 Algorithm［J］.
IEEE Access，2021，9：125540–125549.

［28］张宸，邢婷婷. 基于 RFID 技术的门禁与身份识别系统研究［J］. 网络安全技术与应用，2020（5）：68–69.

［29］史真吏. 基于人体关键点检测的实时视频安全监控系统研究与实现［D］.
西安：西安电子科技大学，2021.

［30］潘书鹏. 大型水泵故障诊断应用管理系统［J］. 工业控制计算机，2021，
34（1）：109–111.

［31］吴旭，许蕴盈，徐博宇，等. 面向智能家电联动控制的专家系统研究与实现［J］. 电子技术与软件工程，2022（4）：62–67.